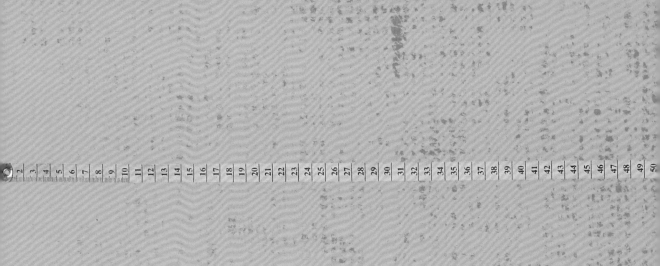

HAPPY DIY 34

木工迷の超手感入門木作課

🔩DIY玩佈置編輯部 著

Contents
目錄

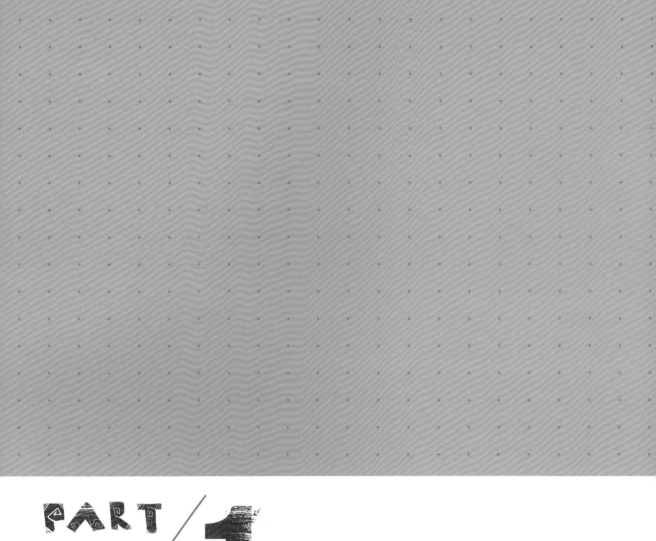

 **/ 1**

木作小知識

動手玩木工前，
一定要先認識操作時會使用到的基礎工具，
無論是手動工具或電動工具，都是必備的好幫手，
只要事先瞭解工具特性與使用要點，
就能讓木工作業事半功倍喔！

工具使用指南
knows the tool

🌼 新手必備的手動工具

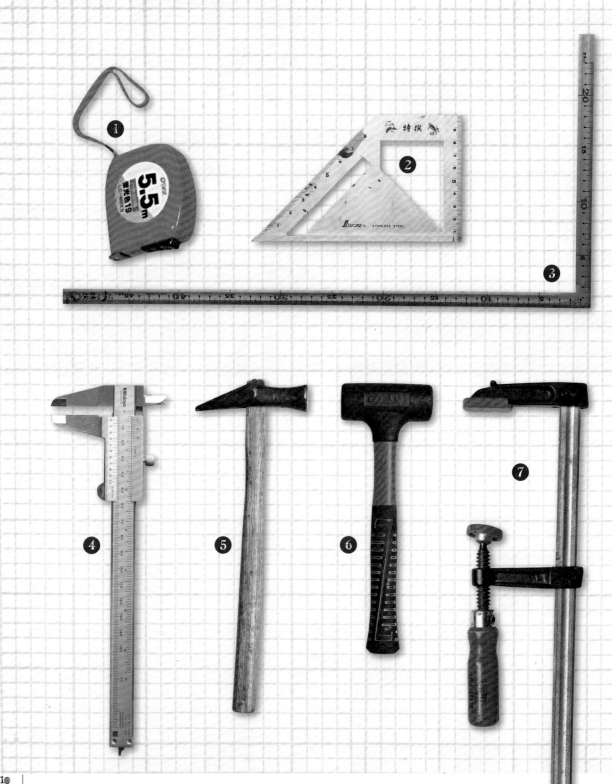

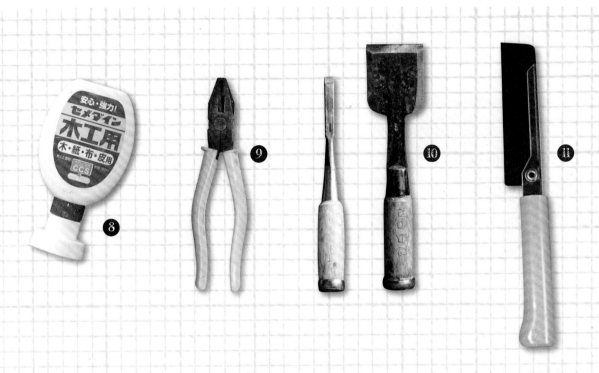

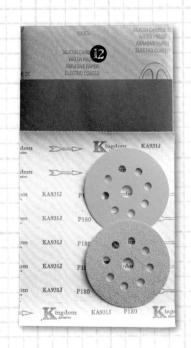

① 捲尺：用於測量長度。

② 45度與90度止型尺 ：又稱定規尺。多用於測量45度與90度角。

③ L型角尺：作為確認直角，畫直角線、平行線之用。

　POINT 使用直L型角尺畫線時，記得尺的另一端要靠緊木板邊緣，畫出來的直線才會精準。

④ 游標卡尺：用來測量木板的厚度。

⑤ 錐形鎚：鎚面為金屬材質，適合用於敲打鐵釘。

⑥ 橡膠錘：多作為木板移動異位時的修正工具，由於鎚面為具有彈性的橡膠材質，可避免傷害木板表面。

⑦ F型木工夾：固定木板，避免木板移位，讓施作過程更加安全省力。

⑧ 木工膠：適用於木材接著。

　POINT 先以木工膠接著，再鎖上螺絲釘，可增強木板的咬合力，讓木作結構更加穩固。

⑨ 老虎鉗：可鉗出無牙的螺絲釘或拔除錯誤的釘子。

⑩ 鑿刀：多用於修平、挖削及鑿削榫頭與榫孔。

⑪ 手鋸：多用於鋸木榫之用。

⑫ 砂紙：用於磨細木材之用。

　POINT 號碼越高的砂紙，研磨出的效果越細緻。

❀ 超實用的電動工具

部分工具提供／小鹿木工房・遊細工園

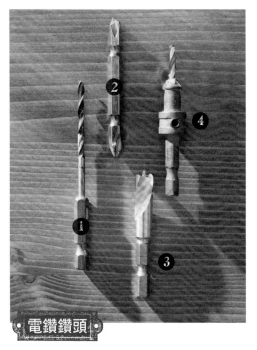

電鑽鑽頭

❶ **沙拉刀**：搭配螺絲與木釘使用，取錐形孔，作為不埋入釘時的用法。

❷ **銅珠刀**：搭配螺絲與木釘使用，取深孔，可和木頭塞一起使用。

❸ **十字鑽頭**：鎖螺絲時必備的鑽頭。

❹ **3mm木工用鑽尾**：中心處帶有尖頭款，才是木工用鑽頭。鎖螺絲前，先用此鑽頭破壞木頭纖維，再鎖入螺絲，可避免木材內部脆裂或破損。

❶ **線鋸機**：是裁切弧形線條的好幫手。
POINT 有手提式和桌上型兩種，建議初學者可從手提式線鋸機入手。

❷ **小型修邊機**：搭配不同刀型使用，即可做出不同的效果。
POINT 使用時要先夾緊物件，手握穩，以慢速推進。

❸ **大型修邊機**：同時兼具雕刻機的功能。

❹ **刨木機**：輕鬆將木板兩面刨出光滑面。

❺ **磨砂機**：配合砂紙一起使用，可讓打磨工作更加省時省力。

❻ **電鑽**：可搭配各種尺寸的鑽頭使用。
POINT 使用時與施作面成90度，且轉速不要調太快，否則會造成空轉。

木作 Q & A

示範 / 小鹿木工房・遊細工園

Q1 裁切木板需要注意哪些事項？

A 從大面積的部份開始裁起，可節省木料，並作上記號，可避免組裝時產生混淆。計算尺寸時，也要記得將鋸片的厚度一併算入喔！

POINT

鋸片的厚度要一併計算進去！

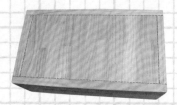

Q2 萬一釘錯了，怎麼辦？

A 可使用拔釘鉗拔除釘歪的釘子。要在木板與鉗子的支撐點之間墊上一片檜木板或厚紙板，以防止傷害到木板表面。

Q3 如何決定螺絲釘的尺寸

A 以木板的厚度來估算，螺絲釘長度為木料厚度的2～3公分為最佳，作品會比較牢固。

POINT

當洞口比較淺時，要選用長度比較長的螺絲釘，反之洞口較深時，即可選用較短的螺絲釘。

Q4 如何鑽出深度一致的螺絲洞？

A 可在鑽頭上貼遮蔽膠帶當作標示，以作為膠帶所需深度的定點，只要鑽到與膠帶齊平即可。

POINT

錯誤示範：

鑽頭沒有垂直，造成破裂的鑽孔。

Q5 如何修飾作品上的螺絲洞？

A 依要修補的洞口直徑，選擇適合的木塞。在洞口處加上白膠後，塞入木釘，再擦乾淨溢出的白膠，最後以砂紙磨平表面即可。

Q6 如何避免門片高低不平？

A 安裝鉸鏈時，一定要先以鉛筆準確地畫出要裝上螺絲的位置，並鑽出同樣深度的螺絲孔，即可降低誤差範圍。

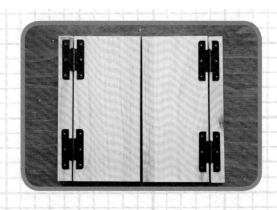

🌸 塗漆工具

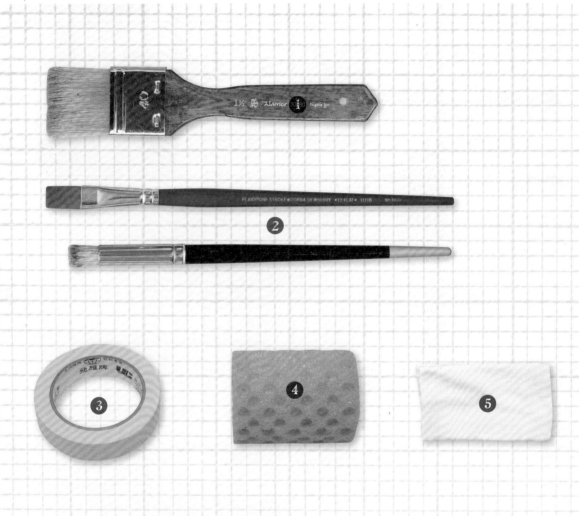

❶ **毛刷**：適合用於大範圍塗刷時使用。

❷ **水彩筆**：適合小面積刷色、轉角塗刷或描繪圖形。

❸ **遮蔽膠帶**：易貼易撕，不留殘膠，可控制塗刷面積，不易造成其他部分的污損。

❹ **海綿**：可以玩出不同的效果。

❺ **棉布**：用於擦拭多餘的塗料或製作仿舊效果。

✾ 各種漆料

素材提供 / 小鹿木工房

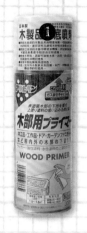

❶ **木製品打底噴劑**：噴塗於未塗漆的木製品，可隔絕塗料的吸收，達到節省漆料，以及降低木材吸水後產生變色的可能性；對已塗漆的作品噴塗本劑，再重新上漆時，也可避免新舊漆料不相容。

❷ **天然護木油**：作為保養木製家具之用，能滋潤木材並滲透至內部，使木材纖維保含油脂，降低表面龜裂、剝離、老化等，可凸顯木紋。

❸ **OSMO植物性環保塗料**：德國進口環保塗料，具有極佳的透氣性，可防止木材變形，還能調節室內溫度與濕度，即使重覆漆上兩三道後，依舊能保有美麗的木紋。

❹ **水泥漆**：一般多塗刷於大面積的牆面，但只要添加清水稀釋，也能用於木製品上。優點在於便宜好取得，缺點則是不耐擦洗。

❺ **乳膠漆**：價格雖較高，但乳膠漆內含多分子耐磨微粒，可在漆面形成強韌的保護層，並擁有超強的抗污性，即使經過擦洗，漆面依舊亮麗如新。

❻ **木器著色劑（水油通用）**：能製造出極佳的木頭色澤及經歲月淘洗的仿舊感。但木染色劑遇水會掉色，即使是一點點的潑水也不行，因此待乾燥後，一定要再上一層透明的保護漆。

❼ **調和漆**：一般稱為油漆。加入松香水或香蕉水混合稀釋，即可防水，因此戶外用木材多使用油性漆，但塗刷時要保持通風並遠離火源，降低溶劑揮發時對人體的刺激與傷害。

PART / 2

動手玩木雜貨

從日文「zakka」翻轉而來的單字「雜貨」，
被指稱為帶點日系風、美系風、歐系風的風格商品。
今天起就親手打造出人氣當紅的專屬雜貨吧！
不但添增生活樂趣，也展現出個人風格。

木子到森

wood school

よもう！ 跟著 **木子到森** 玩木工

特色：一對一教學創意式教學

地址：台南市北園街87巷5號

電話：0918-878-080

E-mail：MoziDozenStudio@gmail.com

網址：http://www.mozidozen.com

撰文／方嘉鈴　攝影／六本木視覺創意產房

職人檔案簿

□ 姓名：李易達
□ 木工年資：4年（2007起）
□ 經歷：誠品臺南店府城小旅行（展覽、
　　　　講座、工作坊講師）

帶你玩媒材混搭 用童心

「木子到森」這聽起來帶點日系風格的名字，其實是來自於中英文的雙重諧音趣味。坊主李易達，將「李」拆為「木」加「子」，音譯即為「Mozi」；名「易達」又音近似「一打」，而一打的英文為「Dozen」，諧音聽起來又像中文的「到森」。於是中文名字「木子到森」，和英文名字「Mozi Dozen」就這麼翻翻轉轉的誕生了。

童心不敗的素材玩家

從小習慣拿紙張折疊出各種小東西的李易達，在紙張無法滿足做出堅固作品的情況下，決定開始採買器材工具，展開木工的自我研習之路。正因為這一路上的摸索，對於木作他從不設限任何可能，毫無框架地將木頭與各式媒材完美結合。這些令人驚豔的組合創意，純粹只是來自於「有趣、好玩」的單純念頭，如同頑童般，什麼都想試試看、玩玩看，於是古靈精怪的各式作品便一個個被玩出來了。

例如製作木頭筆，在設計之初就覺得筆蓋很麻煩，於是索性改變設計，發想出利用螺絲的旋轉特性，將筆芯旋出旋入的有趣樣式。又如鋪上鐵皮的性格椅子，是在獲得椅面嚴重破損的椅子時，所誘發出的靈感，冷調的銀色鐵皮混搭上帶有溫度感的木頭，不僅達到資源再利用，又營造出前衛的視覺感受。還有自己動手做紙漿來裝飾的燈罩；利用葫蘆剖面當作燈飾等作品，都是在帶有些冒險、挑戰試著做做看的心情下所玩出來的作品。

對「燈」的執著

在創作中，李易達最迷戀的物件就是「燈飾」。如小豬燈與麋鹿燈，就是以象徵手法，搭配上木飾配件，呈現出動物的形象，最後配合圓形燈泡所完成的作品。而小狗燈與長頸鹿燈，則以四肢能活動的木偶為基礎，創作出可動式的組合木件，活動關節成為可以調節燈光高度與位置的設計。入口大門處也放置了名為「依賴」的燈飾，用槓桿原理融合鉛塊與鉛片，以蹺蹺板姿態隱喻出兩者相互依賴的關係。

在談及「燈」的創作時，李易達翻閱著國外的設計雜誌，興奮地說著「燈」是項有趣的物件，從燈泡、燈罩、電線、開關等物件，有著千變萬化的組合，但要能跨越過往的結構，做出新的樣貌又十分困難。因此，李易達總在完成一盞燈飾後，又開始構思著下一盞的新作。

木作實驗室

約兩坪大的工作室，規律地放著各式重機具，工作檯面滿是木工器具、零碎木片，地面上散落著細密的木屑，反應出職人的工作氛圍。李易達從不硬性幫學員規劃課程，而是依照每位學員的需求給予協助，從作品的發想、設計、操作都是來自於學員。回想著授課的經驗，李易達笑著說：「木作真的很有趣，單單從作品就能看出每個人的個性。即便是同樣的主題，也會因創作者而有了不同的樣貌。」

木子到森幾坪大的空間內，持續著一次又一次的木作實驗。憑著好玩又有趣的直覺，不設限的利用各式媒材，自由揮灑、任想像力奔馳，讓作品與生活交織出一場完美的樂章。現在，就跟著樹木的孩子，一起到森林裡嬉戲吧！

1 木頭筆 木子到森的人氣商品。**2 書櫃** 這具有時尚風味的書櫃，其實是改造自破損不堪的二手家具，不使用時，也能當作裝飾品。**3 麋鹿燈** 俏皮可愛的造型，不使用時，也能當作飾品。**4 小狗燈** 調皮可愛的造型，可玩出不同的姿勢。節手部的關節，可玩出不同的姿勢。真的可以使用喔！**5 木電話** 拆除老式電話的外殼，改用木頭組裝，是以自製紙漿所貼出來的效果。**6 長頸鹿燈** 燈罩處具有蕾絲感的裝飾，是缺一不可的好伙伴。**7 小豬燈** 大豬的燈泡和小豬開關鈕，各司其職，每當拿起水杯時，木頭的香氣也隨之散發於空氣中。**8 土司杯** 讓好握又具設計感的燈飾。**9 抹刀** **10 依賴** 利用槓桿原理表現出相互依賴情感的燈飾。墊，揭開一天美麗的序幕吧！具，

1

2

3

4

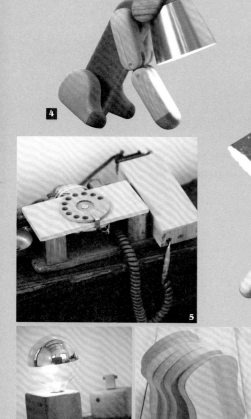

5

6

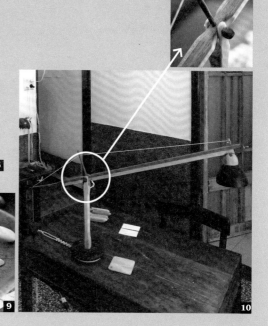

7

8

9

10

小巧麋鹿擺飾

使用工具：桌上型線鋸機

材料：
淺色木料：5×4×2.5cm
深色木料：少許薄片

1 在木片側面以鉛筆畫出麋鹿的輪廓，頭部要記得畫出一個寬2mm的小凹槽。

2 使用線鋸機進行切割

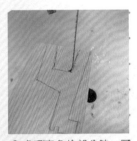

3 處理直角的部分時，可先挖出一個小空間，讓鋸條在操作時可轉向，就能輕輕切出直角了。

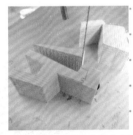

4 外側部分，請分多次切割。切到底後，直接往後退，換另一個方向繼續進行切割。

5 側面裁切完成的樣子。

6 在正面畫上側面的麋鹿輪廓。

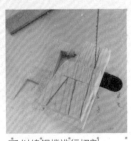

7 以線鋸機進行切割。

8 麋鹿身體完成的樣子。

9 取一片深色的薄片木材,以鉛筆畫出鹿角的形狀。

10 使用線鋸機切割出鹿角。

11 以砂紙打磨身體跟鹿角,若鹿角太厚卡不進頭上的凹槽,就平放在砂紙上小心打磨,直到可以卡進為止。

12 組裝鹿角與身體,就完成了!

SECRET 獨門秘訣

改裝砂帶機

1 將原本站立的砂帶機,改成橫躺式,並加裝底板。

2 磨邊時,能靠著底板,操作會更方便。

切斷機的輔助板

1 在切斷機上,放上兩片自製的輔助板。

2 裁切時可依靠輔助板。

3 如此一來進行較細密的裁切時,就不容易產生誤差。

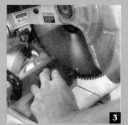

麥子木工房

Wood school

よもう！ 跟著**麥子木工房**玩木工

特色：鄉村風家具、手感雜貨訂製、實用家具家飾教學

地址：宜蘭縣三星鄉三星路一段439號.

電話：03-989-8988／0933-144-321

E-mail：mmyss98tw@yahoo.com.tw

網址：http://tw.myblog.yahoo.com/myss-9898988/

撰文／王韻鈴　攝影／陳家偉

職人檔案簿

回 **姓名**：姜治榮
回 **木工年資**：4年（2007年起）

玩出童趣十足的拙木設計

複合創意，增添木作豐富表情

「不是木匠也不是裝潢師傅，不求雕樑畫棟，但求回歸木頭原該有的生命。」部落格上寫著的這段話，為麥子下了最好的註解。他的木作追尋著原木的線條與個性，而他的生命則追尋著總是跑在前頭的美好理想。笑稱自己為愛定居宜蘭的他，不論講起創作、講起愛，眼神裡閃爍的都是一樣執著的信仰。第一次見面，麥子領著我們走進木工房的展示間，介紹一整桌的木雜貨，還有牆上吊掛的展示家飾、地上擺放大小家具、玩具，不論木工技巧有多純熟，麥子還是傾心於樸拙、粗獷的木作，那些不平整的手感表面，正能深刻表現木頭原始的生命力，所謂「拙木設計」正是追求這種原始與設計間的平衡，不過度雕琢，以親切童趣的面貌深深地吸引人。

曾是個油畫藝術家，從小就極有美術天分的他，擅長各種媒材創作，也試著將各種技能結合，使得他的作品有更多元的樣態。從前他在平面的畫布上營造立體視角，而現在他在立體創作中沿用繪畫的構圖、色彩和線條，相輔相成；也許就是因為習慣於用各種方式來詮釋創作，從他的作品中常能意外地發現各種有趣結合。例如生硬的數學原理或建築元素，也能在充滿手作情感的木作中見到，看似相悖的兩件事卻同時蘊藏其中，那種驚喜感會讓人不斷地想從他的作品中挖掘出更多故事。

以童心窺探另一個視角的美景

　　麥子的創作靈感來自於生活、來自於孩子們,更來自於自己的一顆赤子之心。喜歡製作各種木玩具,也為愛貓設計專屬木家具,而即便是平實的家飾品也能見到其天馬行空的巧思;還沒有小孩的他,因為教學而有機會常與孩子接觸,對麥子而言,課堂上的相處不僅讓他更了解孩子們的想法,也因為小孩的天真和無框架,讓他彷彿找到了能夠接應的連結點,潛藏在心中的各種童心想像因此有了出口。他也希望給來上課的大人小孩最多的發揮空間,因為想像力是創作中最珍貴的一部分,就像小時候上美勞課,老師出了畫一匹馬的作業,他卻畫了整輛馬車,從一個點延伸出整個畫面,以故事情境吸引觀者對作品投注想像與情感,正是麥子創作的秘密武器!同樣地,從為數眾多的木雜貨中,也能窺見種種豐沛想像,那些小狗、鱷魚、貓頭鷹、河馬等小動物,麥子不僅給他們起了名字,甚至各自都有一段故事,像是將各種動物化身為水滸傳裡的108條好漢,當你拾起桌邊的臘腸狗,竟不知不覺地跟著它走進麥子口中的故事仙境,所有作品頓時變得活靈活現,而這樣的創作樂趣不斷地豐富麥子的生活,持續提供他能量,做出更多迷人的玩心木設計。

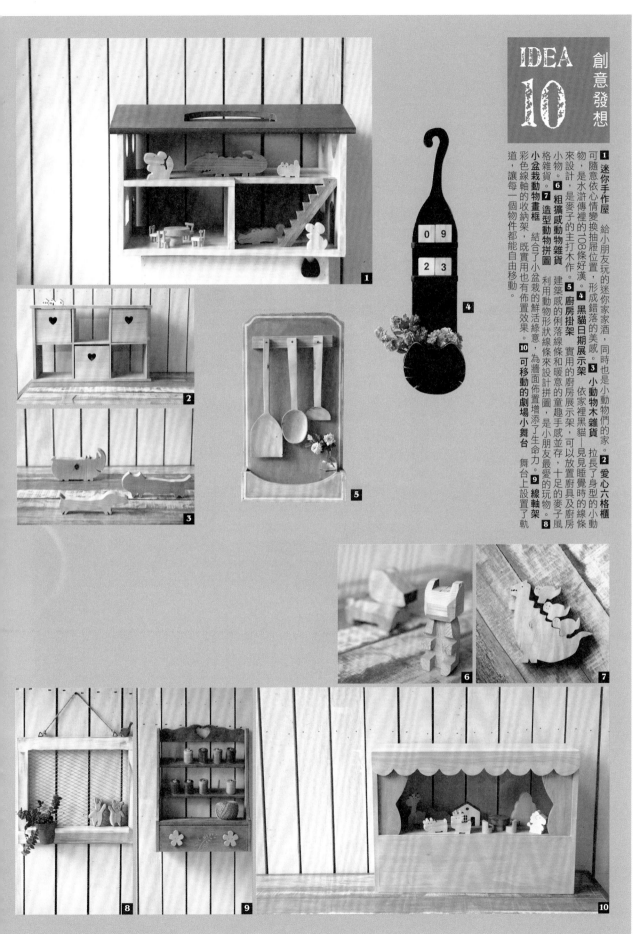

IDEA 10 創意發想

1 迷你手作屋　給小朋友玩的迷你家家酒，同時也是小動物們的家。可隨意依心情變換抽屜位置，形成錯落的美感。

2 愛心六格櫃　拉長了身型的小動物雜貨。

3 小動物木雜貨　依家裡黑貓─見見睡覺時的線條來設計，是麥子的主打木作。

4 黑貓日期展示架　是水滸傳裡的108條好漢。

5 廚房掛架　實用的廚房展示架，可以放置廚具及廚房小物。

6 建築感的俐落線條和暖意的童趣手感並存，十足的麥子風格雜貨。

7 造型動物拼圖　利用動物形狀線條來設計拼圖，是小朋友最愛的玩物。

8 線軸架　為牆面佈置增添了生命力。

9 小盆栽動物畫框　結合了小盆栽的鮮活綠意，彩色線軸的收納架，既實用也有佈置效果。

10 可移動的劇場小舞台　舞台上設置了軌道，讓每一個物件都能自由移動。

HOW TO MAKE

俏皮鉛筆盒

使用工具：修邊機、線鋸機、直尺、電鑽、
　　　　　充電起子、木工夾、環保木工膠、
　　　　　愛心型板、2分圓棒木榫、2分鑽尾

材料：蓋板（A）：25×12.6×1.3cm
　　　上下側板（B、C）：25×6×1.3cm
　　　左右側板（D、E）：7×6×1.3cm
　　　底板（F）：23×7.7×0.6cm
　　　小蝴蝶活頁片：2片
　　　箱扣：1組

1 依尺寸表，裁切好6片本
片。

POINT
洗溝前，可行製作出6mm
的導板，即可輕鬆洗出正確
的溝槽。

2 以木工夾固定四邊側板，使用修邊機洗出寬6mm、深
5mm的槽溝。

3 4片（B、C、D、E）木
片洗溝完成。

4 依圖示以木工膠膠合4片
側板和底板。

5 再以木工夾固定。

6 以6mm尾在側板的結合
面，鑽出木栓孔。

7 孔內填入木工膠再以木
鎚將木栓鎚入孔內。

8 以鋸子鋸除多餘的木栓。

9 以砂紙磨平，增加鉛筆盒的堅固度。

10 在盒蓋板上，製作鏤空的愛心圖樣。

11 使用修邊機修出蓋板愛心的弧邊線條。

12 再以修邊機刨出鉛筆盒蓋板四邊的花邊。

13 將小蝴蝶活頁片鎖合於盒蓋板與盒座。

14 箱扣固定於盒蓋板與盒座的開合處。

15 先以150號砂紙粗磨鉛筆盒後，以400號水砂紙細磨，就完成了！

SECRET 獨門秘訣

鏤空圖案的細節處理

木作中常使用鏤空的圓形、愛心點綴，單用手想要將凹凸的表面磨平是有難度的，麥子老師教你用簡單的小技巧，將細節處理地更精緻，也讓木作更安全不傷手。

1 在木板上畫出要鏤空的圖形。

2 將木板下再墊一塊木頭，鑽孔後，背面鑽洞的周圍就能同樣維持平整。

3 從正面先鑽一個洞。

4 以線鋸切割圖形。

5 以粗細適當的圓桿取代手，並包覆砂紙。

6 將包覆砂紙的圓桿在圖形內側來回摩擦，將木屑磨平。此方法針對有許多曲線細節的鏤空圖形相當適用。

老樹根魔法木工坊
wood school

よもう！

跟著 老樹根魔法木工坊 玩木工

特色：結合休憩&教育，輕鬆掌握基本工具使用要領

地址：台中市南區樹義路63號

電話：04-2262-8621

E-mail：123@mutou-wood.com

網址：http://www.mutou-wood.com/

撰文／魏麗萍　攝影／王正毅　部分圖片由「老樹根魔法木工坊」提供

職人檔案簿

◎ 姓名：江明偉
◎ 木工年資：21年（1990年起）
◎ 經歷：創立「老樹根」原木遊具公司
　　　　獲經濟部輔導，從遊具公司轉型成為全
　　　　國第一家木頭觀光工廠
　　　　研發的遊具擁有40多項製造專利許可

一日體驗 文創木藝任你挑

舊工廠轉型創藝樂園

　　位於台中市南區的大馬路上，映入眼簾的樹木造型拱門和兩旁的木質迎賓兔偶，生動可愛的形象讓我們就像被帶入奇境漫遊的愛麗絲，一腳踏進了老樹根魔法木工坊，往裡面望去，偌大賣場裡琳瑯滿目的手作木雜貨、多達300餘種的DIY材料包，令人直想要現場體驗一番！而這些充滿童趣的木創意品，經營者江明偉先生的初衷，正是要為學童開發安全、有趣又具創意的幼教教具，而在民國80年代玩具產業大舉遷移大陸，教具社的經營面臨衝擊時，江先生索性自行開設木工廠，專門生產原木遊具、涼亭、景觀木作。當傳統生產型態面臨衰退危機，該棄守還是堅持？經過漫長的掙扎，終於找到新的出路，決定將舊工廠，結合周遭的田園景致，以觀光園區的型態出發。

　　從賣場走向後方園區，迎面而來的開闊綠意令人精神一振，更令人驚喜的，是「埋伏」在田園風光裡的種種木頭創意，且不提隨處可見的木偶、童玩，樹上停駐著幾可亂真的木雕啄木鳥，真的會「叩叩叩！」地敲木頭；棲息在樹叢的豔麗瓢蟲也是木製，幾乎可以辦個找碴闖關遊戲，比賽誰發現的「木寨版」最多，小朋友來到這裡想不興奮尖叫都難；大人們也可在刻了各式棋盤的木椅上，悠然對坐下盤棋，享受帶著香草清新的涼風拂面；老人家則可在特意保留的土角厝三合院裡，感受木製家具隨著歲月呼吸更顯溫潤的觸感，幾乎讓人遙想聞見阿嬤在大灶前炊煮紅龜粿的香味了……？咦，手上拿著的可不是印粿的木模嗎？不是作夢，這是「老樹根」又一創意規畫，讓入園民眾體驗雕刻粿印做粿，同時感受木製品是如何浸染在我們的生活記憶中。

下一站，文創ING！

　　除了預約制的團體木工遊學體驗，在半日或一日當中，學習到操作木工的要領，一般民眾則可在週末入園，選定「老樹根」研發的木製小物，現場親製，既可享受DIY的樂趣，還能打造獨一無二的作品！不必擔心新手上路會手忙腳亂，由舊廠房改建的木工教室，原木裝潢的寬敞明亮空間，令學員可以放鬆心情投入，現場有專業木工老師指導，包你出手即成，更有不同種類的加工機器，教室裡也設有圍欄可保護學員操作機器時的安全。

　　如果想更精進，也可報名工作坊開設的木工課程，兒童班主要在引發學童創意及學習美感創意，同時培養耐心及專注力；木工雜貨班則教你打造喜愛的手作雜貨，不論是鄉村風的花架、門牌、木箱，隨著不同的配色和創意，就能玩出不同的風貌；成人班則進階學習更為細膩的「車枳工法」，製作出精緻的人偶或車筆。各種課程設計，讓木工不再只是因應生活所需，更是讓心靈創意恣意暢遊的樂園。

　　儘管預約體驗的團體絡繹不絕，老樹根無所不在的木生活創意卻已有了新方向，已成立的全台唯一「車枳木偶工坊」，以更細膩、更具設計感的手法，注入在地精神，打造深富台灣特色的文創木偶，進駐文創精品市場，已在多家五星級飯店販售，深受外國觀光客的喜愛，不論是神祇、原住民或是令人莞爾的檳榔西施主題木偶，老樹根源源不斷的木工創意，正展現極具生命力的人文風情。

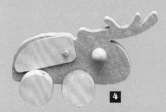

1 木工車筆　是老樹根獨家引進的體驗製作課程。 2 木拼圖　拼拼湊湊，你能裝回原貌嗎？ 3 甲蟲　線條優美的木作品。 4 兔　帶有滾輪的小兔，是小朋友的最愛。 5 聖誕樹　造型極簡卻頗具設計感。 6 木頭老虎　在那翠綠的草地上，色彩鮮艷的老虎，顯得更搶眼了。 7 直昇機　只要你願意，也能打造出專屬於你的直昇機。 8 小木屋　售有材料包可以輕鬆DIY。 9 木作課桌椅　讓人想起無憂的學童歲月。 10 麋鹿　在草原迷路的麋鹿找不到它的雪橇。

 創意花槽

使用工具：線鋸機、十字釘、油漆
材料：
木板：210×600mm（2片）
　　　500×130mm（1片）

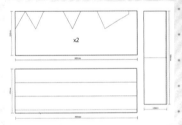

1 在兩片210×600mm長條木板上，隨意畫出裁切線條及自己喜愛的構圖。

2 用線鋸機把造型切出，再用砂紙修邊。

3 拼合木板與木條。

4 將拼合好的木板與木條，鎖上十字釘，即是創意造型花槽。

5 花槽塗上漆，待乾即完成。

車枳製筆

工具：

線鋸機、筆桿中心夾座、鑽孔機、筆孔鑽組、木工車床機（製筆芯軸）、製筆車刀、筆零件組裝器、鋼珠筆零件、筆芯轉軸。

1 選擇製筆素材（胡桃木、非洲紅木、南美櫻桃木、楓木……）。

2 依據製筆零件尺寸（銅管尺寸），運用線鋸機將製筆素材（木塊）裁切成兩塊。

3 以對角線畫出木塊的中心點。

4 以鑽孔機鑽孔。

5 將銅管塗上黏著劑，運用「筆管擠壓器」放入木塊裡。

6 運用「筆孔鑽組」銑削至平整。

7 將木塊套入木工專用車床機的「製筆芯軸」內，固定兩側。

8 運用「製筆車刀」車出自己設計的筆桿造型。

9 將鋼珠筆零件運用「筆零件組裝器」依序安裝（筆頭、筆身、筆芯與筆夾）完成。

10 一枝獨一無二的筆誕生囉！

金豐手製工藝研究苑
Wood school

撰文／李若潔　攝影／陳家偉

よもう！ 跟著 **金豐手製工藝研究苑** 玩木工

特色：利用木工業損料，發揮環保再生概念，以人文藝術為設計出發點
地址：台中市環中路一段527-2號
電話：04-24227540
E-mail：24228174@gfdiy.com
網站：http://gfdiy.com/schedule.php

職人檔案簿

回 姓名：呂金豐
回 木工年資：22年（1989起）
回 經歷：金豐室內設計

環保又實用的創意DIY木作

從裝潢設計跨入木工教學

位在台中市郊的環中路上，附近群集的多是家具公司與賣場，剛到金豐的時候，首先會被大門前宛如度假花園一般的美麗景致所吸引，然後開始注意到各種頗具設計巧思的木工作品，在花園裡被充分運用著。

老闆呂先生是室內設計師出身，從高中開始就半工半讀踏進這個需要創意更要求技術的領域，完全從實作角度累積逾20年的經驗，並且發揮自己大膽原創的個性特點，除了商業空間、住宅空間的專業設計外，另外跨足了貨櫃屋空間的開發，因地制宜的特色貨櫃空間設計，讓設計能發揮的空間更精緻多元。

3年前埋首設計工作的呂先生，在一次轉念的當下，環顧工地、工廠裡頭的大量木工損料，以及評估每個月環保資源廢棄支出費，靈機一動為什麼不好好利用自己的專業，妥善讓這些原本應該要被丟棄的損料，一起發揮它們的功用極大值，如此一來不但能落實環保意識，以手工再造木工作品，還能用來幫助資源缺乏的弱勢族群，何樂而不為呢？與太太討論之後，兩人都對這個突如其來的想法有積極的共識，於是金豐手製工藝研究苑便應運而生了。

　　一開始利用工業用的木心板、門片、木皮等損料，教一些國小的小朋友揮灑創意，彩繪一幅幅繽紛可愛的砂畫，目的是希望孩子們可以培養對藝術的原創力，而且從中體驗到動手做的無窮樂趣；不斷延伸之下，考量了現在很多人都對木工DIY相當有興趣，金豐手製工藝研究苑於是結合了老闆夫婦的人文藝術素養、原有設計公司的專業木工製作班底，開始有了一系列原創感十分強烈的木工DIY課程。

再造木料的新生命

　　從環保、獨特、夢想、傳承四個理念宗旨貫串木工教室的精神，希望可以藉由手工再造的木藝提升環保意識，重新對生活創意有不同的啟發；再來就是在原創DIY的過程中，能讓每個實作的人都實現自己腦海中的藍圖，並且培養出自我設計的美感和基本製圖的能力。

　　最終也是最大的經營理念，和許多的木工教室其實不謀而合，感念到現在國際工業化的大量普及，大部分熟悉的家具都是大量製造的現成家具，相對的就能壓低成本，造成傳統的手工傢具產業沒落，老闆的最終期許就是希望能帶動更多人體會手感家具的紮實與耐用度，以及參與製作過程後期間的無限感動。

　　除了利用損料製作的各式小型傢飾品，或是融合現代人文藝術的風格作品，像是把再造技術運用在藝廊掛畫的裱製上，重新幫木料創造一種全然不同的感受，更客製化設計廣泛使用在日常生活中的木工家具，例如瑜珈椅、音樂家的大提琴外型收納箱，個個讓人眼睛一亮，更看出老闆要設計從心出發、貼近人性生活的初衷。

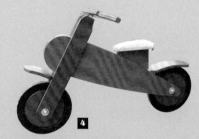

1 手感木製狗屋 愛狗人士一看就會驚呼出聲的時髦玩意，連狗狗都能享受木工雜貨的樂趣。

2 創意信箱 同樣是小朋友就能完成的簡易木工作品，發揮創意巧思才是重點。實心木材創意的櫃體也能利用豐富的色彩讓空間活潑潑起來。

3 多抽彩櫃 木工雜貨也來搭順風車，還曾被一對新人相中，當成他們拍婚紗的甜蜜道具。

4 木製單車擺飾 單車風盛行的時候，木工雜貨也來精心設計的兒童益智玩具，拼完之後就是趣味性十足的裝飾品。

5 巧拼摩天輪 精心設計的兒童益智玩具

6 裱製畫作 利用木心板和木皮的損料材，完成頗具現代風格的木作品。

7 蘋果造型小雜貨 特殊造型的小物能幫生活添加一點小幽默。

8 三抽鄉村風雜貨櫃 與彩繪老師配合的繪製課程，能讓學員幫木工作品添加豐富表情。

9 兒童小板凳 簡單可以組裝完成的小矮凳，在親子課程中是受歡迎的彩繪道具之一。

10 大提琴收納箱 特別幫一位音樂家量身訂作的大提琴款精緻收納櫃，突顯主人的個人氣質。

HOW TO MAKE

風味茶盤

使用工具：L型直角尺、三分夾板、線鋸機、
　　　　　　修邊機（3分直刀）、電鑽、刷子

材料：木板52×25cm

1 製作樣板。在樣版木片上，以L型直角尺畫出長方形，在四角處以電鑽鑿孔，再使用線鋸機進行裁切。

2 完成凹槽樣板的裁切。

3 製作凹鑿。將樣板夾定於木材上，使用修邊機（3分直刀）進行洗溝。

POINT 一邊移動樣板，洗出整個凹槽。

若放入輔助板可修出更平整的溝漕。

POINT 利用三分夾板作為支撐點，在操作時就不會因搖晃導致中間不平。

POINT 鑽孔的角度，必須考慮到排水管銜接的位置。

4 溝鑿內放入三分夾板排成L型，再修邊機鎖套用在夾板上，洗出斜度。

5 製作排水孔。以電鑽在茶盤凹槽斜度較低處鑽孔（3分鑽尾）。

6 以鑿刀修順排水孔。

POINT 刷軟質木料時，要刷的比較深，硬質木料，則相反。

7 電鑽裝上盤型鋼刷，來回反覆刷，就能產生自然風化的木紋。

8 組合木腳。將茶盤翻至背面，以電鑽鑽孔後洗圓。

9 消掉一點木腳邊緣後，以白膠將木腳和茶盤底部黏合。

10 四邊黏合完成圖。

11 可將自己喜愛的飾品，鑲入茶盤，請參閱步驟1至4。

12 以美工刀將直角處割出不同的凹處，會更自然。

13 砂紙機裝上240號砂紙，將茶盤粗糙處磨掉，或以手用砂紙<400、600號>，木紋會更明顯。

POINT 小心不要磨過頭了喔！

14 使用水性染劑，可依個人喜好，調出較深或較淺的染色後，以刷子圖刷於茶盤上。

15 再以抹布擦拭，可製造出木紋。

16 待漆料乾後，再以砂紙<600～1200號>磨掉表面的顆粒，反覆3至4次。

17 以牙刷擦刷上山仁古董臘即完成。

SECRET 獨門秘訣

超平整！貼木皮法則

1 裁切　將木工損料之一的木皮，分段裁切出適合木心板大小的尺寸。

2 貼平　用木工膠把木皮平整地貼上木心板四邊。

3 熨平　以木工用的小熨斗將木皮均勻燙平，並且利用高溫，使膠水更快乾燥。

4 完成　貼完木皮的木心板即可拿來裱上圖畫，當成裝飾品。

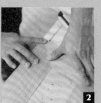

黑以妮

wood school

 跟著**黑以妮**玩木工

特色：從鋸台開始操作，並學會製圖技巧
地址：花蓮市中山路475-5號
電話：0931-231-692
E-mail：8356728@gmail.com
網址：http://blog.xuite.net/alicezakka/handmade

撰文／王盈力　攝影／Adward Tsai

職人檔案簿

回 姓名：Morris＆David
回 木工年資：4年（2007起）
回 經歷：黑以妮手作家具設計及訂製 3年
　　　　黑以妮木工教室 木工老師 1年

來趟雜貨‧木作‧旅遊

三合一的木生活

花棚下的幸福小店

　　採訪黑以妮木工教室當天，我和攝影師來來回回騎了兩遍，明明地址對了、方向對了，可就是找不著黑以妮的身影。終於，找到了老闆說的最大路標—花蓮郵政總局，這才發現位於郵局斜對面，隱身蓊鬱藤蔓後的白色小店。黑以妮的老闆有兩位，哥哥Morris和弟弟David，出生於花蓮的他們，由於爸爸和叔叔都從事木工相關行業，從小就喜歡看著爸爸敲敲打打，也因為這樣自然的成長背景，反而在無形之中，奠定兩兄弟自己動手做的基因。

　　弟弟David原本從事汽車修理的工作，後來回到花蓮賣車，哥哥Morris則在台中從事電子相關產業，2008年，Morris結束台中的工作回到花蓮，「在異鄉生活，總覺得自己像一塊漂流木無依無靠，回到故鄉，也等於結束漂泊沉浮的日子，重新出發。」Morris笑著說。但回來後總得要生活，於是兩兄弟想了許久，到底要做什麼呢？「我們想過要賣鞋、賣衣服，甚至是賣水，後來想說David有丙級廚師的證照，不如來賣餐飲吧！」決定了大方向後，兩人便開始裝潢店面，從討論設計到施工，兩兄弟都親力親為，自己動手打造，加上兩人求好心切的個性，八月開工的店面，一直到十二月才有大致輪廓，加上十二月時，姐姐剛好進了一批聖誕飾品回花蓮，「當時店內的裝潢明明還沒完成，但為了不錯過聖誕節這個買氣旺盛的檔期，我們還是硬著頭皮將騎樓佈置成一個溫馨的小賣場，做起飾品銷售的生意。」也因為這個陰錯陽差的美麗意外，讓兩兄弟發現花蓮缺乏的正是這種雜貨風格濃厚的小店。

　　而裝潢期間一點一滴累積的實作經驗，更讓兩人重新溫習小時候對木作的喜愛，於是正式將小店定位成「以木作教學為主，雜貨為輔」的木工教室。「那麼教室的名稱又是怎麼來的？」我問。「哈哈！因為我們的大姊嫁到芬蘭，並生了一個可愛的小女娃叫Heini，於是舅舅們就借了她可愛的名字，直接音譯就叫黑以妮囉！」

邊做邊學的實驗精神

　　開店將近四年，兩兄弟不斷地從日日經營中，調整教室的步調。「花蓮的人口原本就不多，如何在人口數少的情況下，抓出最大值的數量，並開發新的DIY族群，正是我們努力的目標。」兩兄弟就這樣邊做邊學，上網蒐集資料，到其他城市觀摩類似的空間，漸漸發展出屬於黑以妮木作的獨特教學風格。

　　「每個來上課的學員，我們都會教他們從操作鋸台開始，大家一開始聽到要使用鋸台，都會覺得好危險好可怕，然而鋸台是木工裡最重要的工具，不管是板材的裁切和修整、挖溝、多角度裁切等應用，只要學會正確的操作方法，就再也不會對其它的木工機具感到害怕了。」此外，製圖及尺寸計算也是黑以妮的教學重點，「希望能藉由最基礎的結構概念，教導學生即使看到一個立體作品，也能繪圖並製作材料表。」「除了木工教學、家具訂製和雜貨販賣，之後我們還想針對花蓮的觀光特性，發展一系列的觀光手作教學，來花蓮遊玩的旅客，可以在教室裡花3～4個鐘頭，體驗木作的樂趣，做完的成品還可以直接拿到對面的郵局宅配回家，聽起來很不錯吧！」看著兩兄弟侃侃而談的發亮眼眸，更能感受到他們很努力的在自己出生的土地上，培養灌溉木作的熱情。

1 **愛戀古典書桌** David和Morris在設計作品時，擅長將柔美的曲線表現在家具上，這款古典風格書桌即是代表。

2 **多功能木盒** 簡單的方型木盒，藉由染色變化木頭質感。

3 **廢材拼接球** 利用裁切木頭時剩餘的角料製作成的大圓球，是一進門最吸睛的焦點。

4 **鄉村風小物掛架** 刷白設計更突顯鄉村風情。

5 **壁掛式木盒** 壁掛式單小巧的壁式掛架，是一進門最吸睛的焦點。

6 **Double tone 鄉村收納櫃** 黑以泥的新課程之一，濃濃的鄉村氣息是店內的學員指定設計，獨特的造型曲線讓基本款木盒有了亮眼的新風味。

7 **兩抽收納櫃** 學的高人氣作品。

8 **黃色窗櫃** 假窗設計的壁掛架，放上植栽再適合不過。

9 **梯形置物架** 鄉村收納櫃好做又好用的收納小櫃。

10 **九宮格收納櫃** 架永遠是學生上課時最愛做的作品之一，簡單實用是最大關鍵，不管是擺雜貨、放收藏，都是牆面最對味的小風景。

試管花架

使用工具：線鋸機、電鑽、鑽頭、鉛筆、圓規、橡皮擦、
砂紙、木工膠、木工夾、鐵鎚、鐵釘、尺

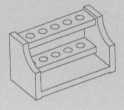

材料：
層板 A：245×65×19mm（2片）
側板 B：155×140×19mm（2片）
底板 C：245×140×19mm（1片）

側視圖　　　　前視圖

245

19

155

10　10

10　10

65

3

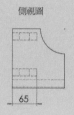

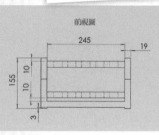

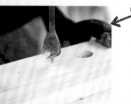

POINT

小技巧1：鑽孔時下方墊一塊木板可防止鑽孔時木板另一面的孔洞破損。
小技巧2：上下二塊木板重合時一起鑽，不但可節省時間，也可以避免上下板的孔洞位置因為量測錯誤造成偏差。

1 先在層板A的其中一個木板上，用尺量測要鑽孔的位置，並以鉛筆標示。

2 將電鑽裝上比試管直徑稍大的鑽頭，試轉一下看鑽頭是否裝好，若鑽頭在旋轉時會左右晃動，表示鑽頭未安裝好，須重新安裝。

3 將二片層板A上下重疊並完全重合，下方再墊一塊廢木板，以木工夾把三塊木板牢牢夾緊，用電鑽鑽出試管孔，但要注意電鑽需盡量垂直木板。

4 以圓規在試管花架的側板B畫出適當大小的半圓。

5 用木工夾將木板夾好，以線鋸機延著畫好的半圓線鋸出曲線。

6 在側板B的外側用尺量測並標示出要釘鐵釘的位置，內側也需量測並劃線標示出和層板A及底板要銜接的位置。

7 先把鐵釘釘入其中一個側板上，但注意不要穿出木板。

8 在底板C及上層板A的接合面塗上木工膠。

9 上層板A板和底板C立於桌上，側板B則平放在A板及C板上方，須注意三塊木板的相對位置是否正確。

10 用鐵鎚把釘子分別釘入木板中。

11 依照同樣的方法，將另一個側板也釘好。

12 將下層板放入兩個側板中間，調整至正確位置，釘入鐵釘。

13 用砂紙研磨試管孔，可將砂紙捲在圓棒外會較好磨。

14 每個銳利邊線和粗糙面都用砂紙研磨至光滑即完成。

SECRET 獨門秘訣

簡易木板拼接夾

1 一般的木工夾一支就要500元，但黑以妮自製的木工夾材料只要50元。

2 將需要拼接的木板放上。

3 塗上木工專用膠。

4 拼接起來。

5 為避免金屬夾緊時讓木材變形，接觸面需墊一片小木塊。

6 如圖示。

7 夾緊後，以抹布擦去多餘殘膠即可。

無名樹

wood school

跟著無名樹玩木工

特色：以大木作＆細木作教學為主
地址：南投縣竹山鎮延平一路2號
電話：049-264-2094
E-mail：nameless.tree@gmail.com
網址：http://tw.myblog.yahoo.com/tefeng/archive?l=f&id=36

撰文／王盈力　攝影／陳家偉

職人檔案簿

🆔 **姓名**：李文雄
🪵 **木工年資**：13年（1998年起）
📋 **經歷**：無名樹品牌創辦人
　　　　　「德豐木業」木材加工廠第三代傳人

傾聽大樹之聲，打造完美大師設計

在地好設計

　　第一次發現無名樹這個品牌，是某次在溫州街的「河邊生活」小店裡發現的（現店址已搬到潮州街），無名樹的商品有種神奇的魔力，一走進門的那一瞬間，視線就會忍不住定格在架上那排質感溫潤的商品，店員微笑著向我介紹，這是台灣自有的設計品牌。

　　我隨手拿起離身最近的名片木盒，一股檜木獨有的清香頓時充滿鼻腔，一手把玩著名片夾，一邊在心底讚嘆：「哇！好漂亮的木頭紋理、精準計算的曲線、服貼的手感，更神奇的是僅僅靠著一個小吸鐵，就能俐落地彈出名片，如此精湛的工藝設計，完全符合日日使用的完美雜貨標準啊！」因為這層關係，無名樹這三個字，日後就如同木頭的年輪般，一圈一圈細細地刻在我腦海裡。

　　本業為老字號的木材加工廠「德豐木業」，2009年，第三代傳人李文雄創立了「無名樹」這個品牌，並推出一系列木作的創意生活物件，也替擁有六十年歷史的傳統家業開創了新的發展分枝。

　　因為傳統木業多半是用於建築方面，和一般消費者的日常生活無太多的連結，因此，無名樹的成立，就是希望透過在地設計的生活良品，引領大家領略木材之美。

「其實我們希望傳達的，是林業與環境、人與生活的關係，從種樹開始，讓消費者了解永續的概念，甚至是樹種的選擇，一般消費者總覺得紅檜或杉木才是好木材，但其實每款木材都有它特殊的質地和迷人之處，差別只是在於有沒有用對地方而已。」「當初取名無名樹這三個字，就是希望大家不要有先入為主的觀念，因為，木材無所謂好壞與否，哪怕是邊邊角角的剩材，只要設計者懂得依照不同木材的個性與紋路，找出適合它的造型。那麼，每一塊都是好木材。」

從源頭開始的學習

因此，來無名樹上課，你得先從分辨樹種開始學起，摸熟了每一棵樹的脾氣個性，再細細剖開，深入探究它們的氣質底蘊，全部都認識了，才會進入實作課程，無名樹的木工課和坊間教作雜貨家具的木工教室不同，它的實作課程，主要是以「大木作」的概念延伸而來，「大木作」其實就是建築木作的相關詞，因此學員在這裡上課，會學習到非常扎實的基本工，從樹種、前置材料、規格選擇……，乃至和建築有關的各種基礎木作技法。「上一期學員的實作課程，就是去幫忙蓋草屯鎮扶輪社，和日本姐妹社發包給我們，他們要送給鎮公所的小涼亭。」李大哥笑著說。

也因為這樣的關係，仔細端詳無名樹設計的商品，其實都蘊含精密的微型建築概念，以「墨契膠台」來說，將建築拴接樑柱用的「楔木」與劃線的工具「墨斗」結合，一圓一傾斜的互補，巧妙地完成一具木製膠台。從2009年至今，「無名樹」已成立了3年，李大哥和旗下的設計團隊，依舊持續開發新的生活良品，「比起大型建築，每天使用到的生活器具，更能引起消費者的共鳴。」秉持這樣的精神，即便每一款商品，都是設計團隊花上好幾小時或好幾天開會討論，再反覆實驗、開模、調整、再開模這樣繁瑣的過程，但只要能讓消費者在日常生活的使用中，日日感受木材的溫暖，進而珍惜大自然，尊重環境，愛惜樹木，這才是品牌背後，希望帶給人們的綠色教育。

1 樹枝板夾
每一塊木板都保留了木材紋路的獨特性，每一隻樹枝更是永遠不會和另一隻長得一模一樣，因此每件作品都有屬於自己的表情。

2 風和日溜
利用不同樹種的顏色與紋路，製造出視覺上的色差趣味。

3 風和日溜球
使用已經存放五年以上的台灣光臘木所製成，潔淨的木紋與顏色能讓餐點美味加分。

4 墨器膠台
將建築學裡拴接榫柱用的楔木與測距離的墨斗滾輪相結合，一圓一傾斜的造型，巧妙地完成相合的木製膠台。

5 名片盒
近期準備量產的新產品，按壓式設計讓盒內的氣流產生不同的變化，讓盒內的名片能輕巧滑出。

6 香
立方體設計的香盒運用不同的切割，榫接的開口是此款特色。

7 香盒
利用犁壁榫的建築概念延伸設計的木盒，榫接的開口是此款特色。左右木盒的方便設計，非常符合講求便利的外食族使用。

8 檜木筷盒
犁壁榫木盒 每個筷盒的製作一定都來自於同一支木材。

9 香盒
利用犁壁榫的建築概念延伸設計的木盒，盒子內部隱藏的導氣孔設計，能讓線香點燃後，即使蓋上盒子也能對流順暢。

10 胡椒鹽罐
罐 以擁抱的概念作為設計主軸，當兩極的磁鐵相吸時小人便會擁抱，放置餐桌一角，餐桌風景頓時甜蜜滿分。

金屬材質為銅，盒子內隱藏的導氣孔設計

置物木盒

使用工具：鐵鎚、白膠、橡皮筋、鐵釘

材料：長側板：24×8.5×1.2cm（2片）
短側板：11.5×8.5×1.2cm（2片）
底板：21.5×11.5×1.2cm（1片）
短上蓋：13.8×3.5×0.8cm（2片）
蓋：17.8×11.4×0.9cm（1片）
蓋把手：13.8×2×0.8cm（1片）

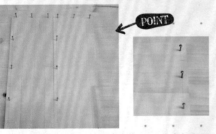

1 先取側面的長板，於兩邊緣約0.3公分處釘入三根鐵釘，釘入深度為鐵釘的三分之一，因作為暫時固定用，切勿全部釘入，釘入前可先用鉛筆畫上定位記號。

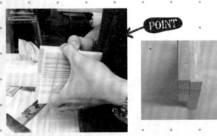

2 取短側板與一相同厚度木板作為靠模用，靠模板高於短側板，以橡皮筋暫時固定，作為下一步驟的模板使用。

3 利用步驟2靠模，將長側板上的鐵釘全部釘入短側板中，完成口字型的側板組合。

4 將底板與口側板相合，將鐵釘全數釘入。

5 將兩短上蓋釘於頂面，鐵釘位置須先注意側板的位置再進行固定。

打開

背面

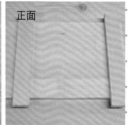
正面

6 置物盒上蓋開啟方式與一般不同,因此在製作上蓋把手時,需注意把手釘入的距離,可先在木板畫上標記增加準確性。

7 將把手釘於上蓋時,若希望正面看不出釘子痕跡,可將釘子由內側釘入,因把手寬度較窄,釘子釘於中間部位可避免木板裂開。

8 完成後以砂紙研磨盒子的銳邊,避免線條過於銳利,使用時割傷手部。

9 完成後即可放入各式小物。

POINT

✿ 製作用的釘子先將尖端修剪或研磨,可降低木材裂損的機率。

✿ 釘子除了固定的功能,也是影響美觀的因素。

✿ 最後的砂磨是重要的步驟,能避免盒子邊緣過於銳利讓人受傷。

SECRET 獨門秘訣

以大木作的概念
來設計作品和教學

犁壁榫

1 無名樹的作品,都是以「微型建築」的概念去延伸商品設計的雛型,圖片中的犁壁榫為建築技法的一種,將兩端各為半企口接合構件,從半企口榫型上方落入接合,可抵抗彎曲和張力,通常運用在樑或桁木的縱向接合上,品牌旗下的犁壁榫木盒,即是以此概念作為設計謬思。

燕尾榫

2 一端呈梯形,外大內小的榫,防止脫落,在屋頂的桁木相接處與地檻的縱向接合上常見此榫接型式。

PART / 3

動手玩木收納

想收納的雜物總是大小不一，市售的各式盒箱組合，
又不能完全符合自己的需求。
不如量身訂做出專屬於各種物品的收納櫃，
讓收納變得簡單又深具個人特色。

小亨利木工教室

Wood school

 跟著**小亨利木工教室**玩木工

特色： 自然風＆雜貨風木作教學
地址：台北市大安區光復南路430號2F
電話：02-2705-5705
E-mail：heny1117@gmail.com
網址：http://blog.sina.com.tw/woodshell/

撰文／方嘉鈴　攝影／陳家偉

職人檔案簿

回 **姓名**：小亨利
回 **木工年資**：15年（1996年起）
回 **經歷**：綠樹林美術教室創意總監
　　　　小亨利木工教室負責人
　　　　木殼工房空間規劃設計師

從自然取材，敲打出樸拙木作

在國父紀念館附近的一棟舊公寓裡，有個用木頭打造出的世外桃源，不管是大人還是小朋友，只要肯動手，都能在此輕鬆找回最單純的快樂。

走入大自然玩木作

空間內隨處倒吊各種乾燥花草，窗台外擺放著滿滿的綠色植栽，加上垂放在各角落的漂流木，主人小亨利對植物的喜愛不言而喻。連在創作中，都偏好使用自然素材，走自然風格。他從自然取材，大量使用漂流木、樹枝、石頭、以及花草植栽；克制的使用技巧，不讓技法壓過自然素材的麗質天生，在在展現出小亨利崇尚自然的風格。

例如小黑板旁以樹枝圍成邊框，搭配上動物造型木作，再打洞穿繩，就成了極具雜貨風的記事板；或將綠色菜瓜布裁剪出仙人掌形狀後黏貼於石頭上，便是一株很有特色的仙人掌盆栽裝飾；以及利用較粗壯的木枝，搭配上處理過的片材，組合一下，就是張好坐的椅子。這些自然風格搶眼的木作，都是小亨利從日常中吸收轉換，所萃取出的生活樣貌。

將孩子的幻想化為作品

小亨利所開辦的木工課，其實原本是從兒童美術班開始，小亨利在原有的美術課程中融入木作體驗，再慢慢將其獨立成為木作學堂。現在又因應不同年齡層的學員需求，分出成人班與兒童班，每一堂課程都是由小亨利親自設計與規劃。

因為相信兒童的創造力與能力，所以在小亨利木工教室裡，沒有「材料包概念」的課程，每一堂課都是以引導式的手法，帶領孩子們創作，再利用互動性強的趣味作品，誘發出孩子心中那個想試試看的念頭。

例如在教學中，曾有個剛要就讀國小的小女生，由於看見哥哥在學木工，也想一起來玩。在小亨利評估之後，便破例讓著妹妹一起加入暑假的木工營隊，沒想到她身為全班最小的學生，上起課來專心又乖巧，操作機具也絲毫不輸給哥姊姊，甚至還時常以線鋸機切割出相當細小精緻的木片。在妹妹生日時，媽媽說要讓她自己選一份禮物，思索了兩天後，小妹妹一臉正經的告訴媽媽，她想要的禮物，就是再去上木工課。聽著媽媽轉述這小女孩的心聲，讓小亨利感動不已。

從教室內處處可見孩子們的創作品中，可發現即便在同一主題的創作上，每個小孩都能玩出各式截然不同的風格。又由於在每件小事上，小亨利都用心觀察設置，如工具牆面上，依工具的模樣，以奇異筆描繪出線條，方便小孩能依序將工具歸位，因此讓小朋友在此能深深感受到關注與重視，也因而更加自重，能無拘束地進行創作。

為木作穿上合身的衣服

創作的過程中，小亨利特別重視「刷色」技法。一般木製品完成後，大多只上層亮光漆，藉以保留原木的色澤；但小亨利則善於使用不同的刷色方式，讓作品更有自己獨特的味道。如用一層淡刷來彰顯木紋的質感；第二層以乾刷的方式，讓作品呈現出仿舊的復古情懷；藉由色彩的疊合運用，作品的韻味更因此「增色」不少。「上漆」這個步驟在這裡，並不是木工的附屬品，反而是讓木作品能更顯露生命力的重要環節。

1 數字木鐘　將隨意排列的數字鐘面，掛在牆上，空間頓時變得俏皮又可愛。

2 A字型展示櫃　不規則的隔層，可展示出各款大小的收藏品。

3 單門壁掛櫃　可收納各式的瓶瓶罐罐，是廚房或浴室的好幫手。

4 鴕鳥木偶　利用十字形木桿，就能讓鴕鳥跨步走。

5 木製機車　以剩餘的木材和樹枝組裝出的拉風機車，每個木製零件皆可一拆解組合喔！

6 老鷹　將各式廢棄的素材，組裝一下，就成了逗趣的小擺飾。

7 記事板　利用樹枝作為框架，營造出自然的風味。

8 載貨小卡　車轉動捲軸即可以棉線吊起物品。

9 明信片架　隨手將信件和發票放入架內，好看又實用。

10 屋型展示架　小房子造型的木框搭配鐵網，不但可以展示小雜貨，也可垂掛小飾品。

鄉村風九格櫃

使用工具：鑿刀、鐵鎚、一字釘槍、ㄇ字釘槍

材料：雲杉木板（厚度19mm）
　　　41×10.5cm（1片）
　　　37×10.5cm（2片）
　　　37×9cm（4片）
　　　43×11.2cm（1片）
　　　龜甲網：1片

1 依尺寸裁切木片，並鋸出榫接的位置。

2 裁切好所有木片及龜甲網。

3 以鑿刀做出接合榫孔。

4 其餘三片作法相同。

5 組合四片。

6 四片邊框，邊處進行洗溝。

7 以一字釘槍釘合邊框。

8 以一字釘槍釘合邊框和內框。

9 鐵網沿著邊框處所洗的
溝鑿放入。

10 以一字釘槍釘合邊框。

11 以ㄇ字釘槍釘合鐵網。

12 刷上第一層深色的油
漆。

13 待乾後,刷上一層白
色油漆。

ALONE
GATE
APPLIANCE

獨門器具

簡易logo畫板

1 隨個人喜好,利用投影片製
做型版。

2 利用壓克力顏料調出想要的
顏色。

3 將透明畫板,置於木片上,
刷上顏色。

4 專屬的logo圖案就完成了!

安德森玩木家

wood school

跟著安德森玩木家玩木工

特色：一人即可預約，可指定作品
地址：台中市大雅區中山八路107號.
電話：0923-235-371
E-mail：qwer.12@yahoo.com.tw
網址：http://tw.myblog.yahoo.com/qwer.12/

撰文／李若潔　攝影／陳家偉

職人檔案簿

◎ 姓名：林瑞龍
◎ 木工年資：18年（1993年起）
◎ 經歷：1996 台灣省技能競賽　門窗木工第1名
　　　　1996 國手選拔獲選　備取國手
　　　　1999 台灣省分齡分業技能賽　家具木工第4名

化繁為簡的專屬木作課

以木作圓一個夢

　　老闆從高中時代開始研習木工技法，完整習得正規正統的學校木工教育，更有豐富的木工賽選手經歷，多次代表學校參加全國性的木工競賽，屢次獲得不錯的名次和成績，所以對木工製作的概念十分專業完整，不管是什麼風格的木工成品，或大或小任何款式，只要一送到安老闆的眼前，立刻就能精準地拆解出步驟，然後用更簡化的方式改編成每個人都能上手的木工課。來到安德森玩木家，絕對能夠一圓所有人完成理想中木工逸品的美夢。

　　除了是科班的木工教育出身，安老闆也曾經營過家具設計公司，所以對於大部分人針對居家家具的貼身需求，更能有多一份感同身受的考量。為了不只是趕上鄉村家具風潮的流行，更要能即時地滿足想要把鄉村風小物搬進自己的家裡頭的想法，所以安老闆獨家開發了個人專屬學習課程，完全客製化的學習需求，只要提早預約，就算只有一個人也能輕鬆開課，不只如此，三五好友一起來上課，每個人都想製作不一樣的東西也沒問題！不只教你最想學的木工作品，完全不需要配合多餘的學習課程，還會依照個人的技巧程度，提供最簡單易懂的製作工法講解，就算是初學者也沒問題，被人艱深的技巧所困住，而完成不了自己想要的東西。

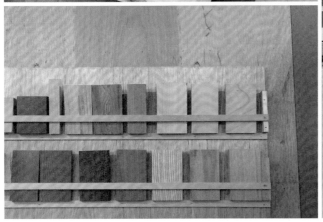

分享DIY的樂趣

　　希望可以幫助每個對木工DIY有興趣的人，完成讓他們很有成就感的木工作品，是安老闆最初衷的理念。「因為我覺得木工真的不難，只要你想做、只要你願意花時間，沒有完成不了的作品。雖然我從高中時期開始接觸木工家具製作，但以前從來沒想過，會透過鄉村家具的教學，和大家分享製作木工過程的樂趣，對我自己來說也是一大收穫。」安老闆一臉滿足地説著。一邊走在小巧的木工教室參觀每一件展示作品，一邊聽著老闆解釋如何用最簡便的方法做出眼前的雜貨品，很多小技巧都令人眼睛一亮，也可以體會到老闆以每位學員為中心點出發的那份用心。

　　木工教室位在單純安靜的郊區，由可愛的傳統平房改造而成，來到這裡就像和老闆夫婦交朋友一般，可以自在分享自己的木工想法，或是充分溝通討論作品的呈現方式，完全沒有拘束感，就算你的想法不是很周全，又或者是對於款式拿不定主意，也不需要擔心，除了老闆的建議外，任何在書籍或是網路上可以找到的雜貨成品，也都可以幫助你順利完成，所以很多客人來過之後，下次造訪往往會邀請更多對於木工有興趣的朋友，一起跟老闆切磋更多有創意的製作技巧。而且和許多鄉村雜貨小店一樣，可愛的小動物也在這裡陪大家一同體會木工樂，有一隻可愛的臘腸狗，和一隻慵懶的豬仔，親切和每一個來上木工課的人互動，讓木工教室裡頭多了一股溫馨居家的感覺。

1 上下雙層櫃　不僅可以合體成一個大型多功能置物櫃，還可以拆解成兩個獨立櫃體分別使用。

2 典雅鄉村風書桌　原木色搭配白色鄉村風，既典雅又簡約。

3 兩抽掛櫃　搭配蝶古巴特能有古典風美感。

4 甜心收納櫃　可愛的外型適合依照自己的心情刷上色彩。

5 信箱　加上彩繪作品更搶眼。

6 多功能午茶麵包箱　可是許多喜歡品嚐下午茶的貴婦首選作品。

7 三層用吊掛壁櫃　上層可擺飾，抽櫃部分則可用來收納，下方的掛鉤能隨心所欲掛上衣物包包或小飾品。

8 雙層雜誌架　人氣款作品，不管放在開放式空間或居家玄關都很適合。

9 小巧壁飾掛衣架　同時擁有實用收納功能，也能當成裝飾品。

10 24宮格馬克杯櫃　所占空間不大，可以任意擺在家裡的每個角落。

HOW TO MAKE

雜貨收納盒

使用工具：L型直角尺、桌上型線鋸機、磨砂機、
銼刀、沙拉刀、F夾、ㄇ字釘槍、砂磨機

材料：
門框上下桿：520×35×20cm（2片）
上下背板：600×175×20cm（2片）
中間隔板：520×142×20cm（1片）
門框側桿：120×35×20cm（2片）
下橫桿：520×35×20cm（1片）
上飾板：520×40×20cm（1片）
側板：420×150×20cm（2片）

POINT 鋸時盡量留下鉛筆線的痕跡。

1 在上飾板木片上以L型直角尺畫出中心線，再使用版型從中心線處畫出對稱的曲線。

2 以桌上型線鋸機，裁切出曲線。

POINT 依照曲線大小，挑選適合的圓棒。

3 以圓棒磨砂機將預留的鉛筆線條磨掉，或磨順曲線即可。

4 無法用磨砂機磨掉的曲線尖端處，就以銼刀進行修飾。

5 將木片如圖試擺為成品樣，邊處以色鉛筆標上記號，操作時就能輕易分辨出木板的位置與方向。

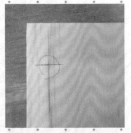

6 在需要鎖上螺絲處，以鉛筆圈起來做記號。

7 使用沙拉刀時，上方可墊一塊木片，就可以鑽出相同深度的螺絲孔。

8 取中間隔板放入架體內。

9 以F夾輔助，固定上飾板、中間隔板與門橫桿後，鎖上螺絲。

10 以F夾固定上下面板後，鎖上螺絲。

11 修邊機裝上T型刀，背板深度後，洗出溝槽。

12 先以鑿刀將溝槽修至平整。

13 背板溝槽塗上黏著劑後，以ㄇ字釘槍固定背板。

14 以F夾固定門框後，鎖上螺絲。

15 以砂磨機修磨門框與櫃身。

16 門框處裝上鐵網。

17 將腳鍊一側裝在門片上，一側裝到櫃身，即完成。

SECRET 獨門秘訣

圓棒磨砂機

1 初學者最常使用的共有5種尺寸，圓棒可替換，鏤空和修邊都可以輕鬆上手。

2 只要選擇好想要的磨砂棒大小，把待修的木板斜邊靠上，輕輕移動即可完成修邊。

3 較小型的磨砂棒則可用來修飾鏤空木板的內緣，一樣是將待修的木板斜邊靠上，輕輕移動即可完成。

4 完成品如圖示，省時又省力。

1

2

3

4

幸福優木

wood school

よもう！ 跟著**幸福優木**玩木工

特色：家具訂製、實用家具家飾教學
地址：台南市新化區那拔里39之5號
電話：06-591-2675／0928-300-883
E-mail：happywood@seed.net.tw
網址：http://tw.myblog.yahoo.com/you-mu/

撰文／王韻鈴　攝影／陳家偉

職人檔案簿

回 姓名：黃仁旭、汪美淑
回 木工年資：8年（2003起）
回 經歷：台南職訓家具木工
　　　　永興傳統榫卯工藝
　　　　木工工會裝潢木工

連結家族情感的 家庭木作課

　　幸福優木的主人黃仁旭並不是從一開始就玩木作，當過坐辦公室的上班族，也開過咖啡店，繞了一圈，最後決定放棄穩定收入的工作，投入自己熱愛的木創作，將興趣轉變成職業，讓長期自學累積而來的技巧實力，有正式的平台能和大家分享。

「家」的創作起點

　　如果創作是有目的性的，那麼優木追求的無非是對家和家人的情感連結，他的作品大多以家具為主，靈感常來自家中成員的需要，因此，優木的木作同時並存著各種面貌，成熟大人味的優雅設計或俏皮可愛的童趣設計都能在他的展示間裡看見，他不只為大人創作，也為心愛的女兒而做，可愛的小椅子或者小女孩最愛的粉紅色扮家家酒廚房，都是他將對女兒無形的愛轉化成具體，希望這些木作能為女兒的童年增添繽紛色彩。

優木的創作從家的需求出發，細述每件木作帶來的幸福暖意，而從他的教學設計中也能看到這樣的執著，他帶著大家一步步勾勒心中對於美好木作的想像，來到木工坊，夫妻、親子共桌上課，合力製作一件木作品，就可以享有課程優惠，優木以此鼓勵家人們一同參與。試想如果家中的每一件家具都由成員們親手完成，件件充滿手作的成就感和共同製作的回憶，那真是一件令人感到愉悅幸福的事！而這就是優木希望推廣的，讓做木工不僅只是一項工藝創作，更能成為一項充滿感染力的家庭活動；此外，優木也提供各種課程的訂製，只要找到自己喜歡的作品參考圖片，讓優木幫你繪製作品圖、設定木料的尺寸，經過討論、修改，就可以開始專屬的木作課程。

無框架的實用風格

談起自己的創作，相對於許多人習慣從各種書報雜誌上尋找作品的設計靈感，優木說能不看別人的作品就儘量不看，因為看了很難不被影響，創作便容易帶著別人的影子，而培養敏銳的觀察力、激發自己的原創精神，才能真正走出獨樹一格的道路。因此，他不會給自己設定風格框架，到他的展示間走一趟，也的確會發現每件作品都帶著一點和別人不一樣的巧思，或許是色彩，或許是線條，或許是使用上的貼心設計，優木回到創作的根源，投入情感而做，從每件作品的細節中建立自己的定位和價值。

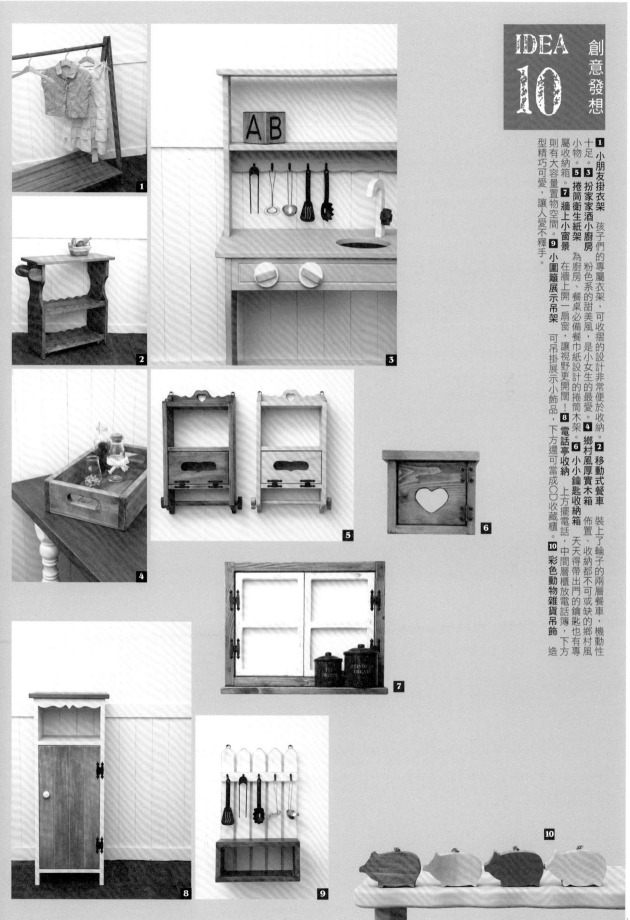

1 小朋友掛衣架
3 扮家家酒小廚房
5 捲筒衛生紙架
7 牆上小窗景
9 小圍籬展示吊架

1 小朋友掛衣架　孩子們的專屬衣架，可收摺的設計非常便於收納。2 移動式餐車　裝上了輪子的兩層餐車，機動性十足。3 扮家家酒小廚房　粉色系的甜美風，是小女生的最愛。4 鄉村風厚實木箱　佈置、收納都不可或缺的鄉村風小物。5 捲筒衛生紙架　為廚房、餐桌必備餐巾紙設計的捲筒木架。6 小小鑰匙收納箱　上方帶出門的鑰匙也有專屬收納箱。7 牆上小窗景　在牆上開一扇窗，讓視野更開闊！8 電話亭收納　上方擺電話，中間層放電話簿，下方則有大容量置物空間。9 小圍籬展示吊架　可吊掛展示小飾品，下方還可當成CD收藏櫃。10 彩色動物雜貨吊飾　造型精巧可愛，讓人愛不釋手。

HOW TO MAKE

雙格提籃

使用工具：電鑽、線鋸機、電動起子、
砂磨機、鐵鎚、夾具、尺規

材料：底板：37.4×19.6cm（1片）
前後片：37.4×15.5cm（2片）
左右片：16×15.5cm（2片）
隔板：31×16cm（1片）

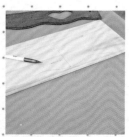

1 先裁出所需的木片尺寸，
分別在前後片木板上取中
心點，依個人喜好選擇喜歡
的曲線板，畫出線條。

2 在隔板木板上使用尺規
分別畫出兩條45度的線
條。

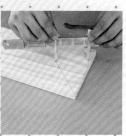

3 線條的交叉點處作為中
心點，使用圓規畫出弧
線。

4 愛心版型對齊垂直線畫
出愛心。

POINT
木板背面要墊一片木板,避免背面崩裂。

5 以木工夾固定前片木板後,使用線鋸機修出曲線邊緣。

6 以木工夾固定隔板木板後,使用線鋸機修出弧形邊緣。

7 在隔板木板上的愛心處,鑽出一個孔洞。

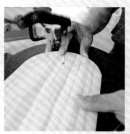

8 使用桌上型線鋸機,製作出鏤空的愛心型。

9 使用圓棒式磨砂機,將前後片的曲線修飾得更加平順。

10 使用圓棒式磨砂機,將隔板的鏤空愛心修飾得更加平順。

11 使用修邊機,修圓前後片邊緣處的直角。

12 使用修邊機,修圓隔板鏤空愛心內的直角。

13 以鉛筆標出接合處的記號。

14 使用裝上沙拉刀的電鑽,專出深度約7mm的孔洞。

15 分別在前後片木板上畫出中心線。

POINT
可避免鎖螺絲,木板崩裂。

16 以木工夾固定左片,塗上木工膠。

17 黏合左片和前片。

18 使用3mm木工鑽尾鑽出孔洞。

19 鎖上螺絲。(以同樣的作法組合右片)

20 以木工夾固定隔板,塗上木工膠。

21 使用3mm木工鑽尾鑽出孔洞後,鎖上螺絲。

22 後片以同樣的方式鎖上螺絲。

23 將提籃翻到底部塗上木工膠,黏合底板。

24 以木工夾固定提籃與底板後,鎖上螺絲。

25 在螺絲孔處放入木塞,以鐵鎚敲平,即完成。

SECRET 獨門秘訣

中心對準器

兩塊大小相同的木片要接合時，最怕兩面鑽孔的位置對不準，造成木片無法接合或錯位，有了這個中心對準器，就能大大地增加成功率囉。

1 需要鑽幾個洞，就準備幾個對準器。

2 以其中一邊為準，鑽好孔後，放入對準器。

3 將兩木塊對齊，用力壓合。

4 對準器會在另一個木塊上留下痕跡。

5 依著痕跡在另一個木塊上鑽孔。

6 如此一來，就能確保兩木塊孔洞的位置一致了！

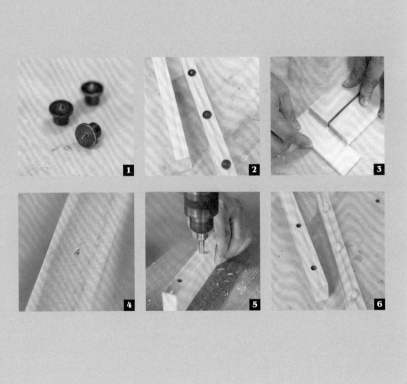

遊細工園

Wood school

跟著**遊細工園**玩木工

特色：一個費用兩位老師
地址：台南市永康區竹園二街60號
電話：0910-779-096
E-mail：iartgarden@gmail.com
網址：http://blog.xuite.net/arts_garden/blog

撰文／方嘉鈴　攝影／六本木視覺創意產房

職人檔案簿

🔲 **姓名**：劉靜玲
🔲 **木工年資**：15年（1996年起）
🔲 **經歷**：「遊細工園」木工教室講師
　　　　　台南市社區大學居家佈置講師
　　　　　台南市永康社區大學木工講師
　　　　　台南社區規劃師
　　　　　行政院多元就業開發方案諮詢輔導委員
　　　　　著有《來做布娃娃》、《第一件木工家具就上手》、《在家學拼布》、《在家學縫紉》、《女生玩木工》

🔲 **姓名**：陳新富
🔲 **木工年資**：2年（2009年起）
🔲 **經歷**：「遊細工園」木工教室講師
　　　　　台南社區規劃師

柔美與創意
兼具的鄉村木作

　　進入台南市永康區竹園二街的住宅區後，不用細看門牌地址，從門外的搶眼木作擺飾，就能一眼找到「遊細工園」的所在。大門旁刷白的可愛木作信箱，搭配矮牆上色彩繽紛的小木牌，右邊是一隻兔子與紅蘿蔔，左邊是母雞與小雞，窗口處則掛著一對可愛的小天使，這洋溢著滿滿可愛風的大門，還曾被路人以為是間幼稚園呢！但劉老師卻笑著說，我已經很收斂地裝飾了。

從布作開始誤入木作

　　很難想像在白色小門後那個頭瘦小的女子，就是一手打造「遊細工園」的女主人劉靜玲。喜愛手作，對縫紉、刺繡、拼布、彩繪樣樣都拿手的劉老師，會與木工結緣開始玩木頭，其實只是單純為了要讓自己的布作可以更有特色地陳列，於是就捲起袖子開始學木作；但萬萬沒想到這簡單的念頭，從一開始敲敲打打到現在，轉眼就十多年了，而木作也早已不是為了妝點手作品而存在。

　　回憶當初學木工的過程，劉老師淡淡地說著，那時在木工圈幾乎沒有女性的容身之處，是個連購買重機具都會遭到店家白眼的時代，常常才跨入店家開口問機具的用途細節，就被當成是來胡鬧的客人。

　　走上二樓的起居空間，隨處可見各式巧妙將木作與手作融合為一體的作品，例如以木作腳架搭配刺繡布作，所製作成的「電視布蓋」；或在木製的碗盤收納架、砧板上彩繪出可愛的圖案；甚至專門替布作品所量身打造的木相框，只要放入拼布作品，就成了一幅幅俏皮畫作。這些看似堅硬的木作，在劉老師的巧手下，不禁也悄悄地流洩出屬於女性的柔美風格。

跟著媽媽的腳步走向自我

從小在媽媽（劉靜玲）打造的美感空間中成長，劉老師的小兒子陳新富先生，慢慢也培養出賞美的眼光與樂於動手做的性格。於是退伍後，毅然跟隨著媽媽的腳步，跨入木作世界。

然而大學就讀機械科系的七年級生，在木製工藝上有著更創新且不同於女性觀點的想法，他熱衷於木工的技法、結構以及軟調的刷色。例如製作櫃子，在組裝門片時，費工地將所有活頁片都藏在櫃體的內側；製作開櫃的把手，也會刻意以不對稱的角度組裝；甚至在製作抽櫃時，特意全加上繁複的滑輪裝置。不同於強調整體感木作的媽媽，陳新富更加堅持細處的工法，從媽媽手上傳承的木工技藝，在陳新富身上，又走出一條屬於自己的獨特木作風格。

以「二」為基底的木教室

一樓授課教室區有擺放數張大型工作檯的輕木工、講課空間，而庭院搭建的小屋，則作為使用大型重機具的場所。授課時，母子兩人以分工的方式進行，劉老師示範小型器具，重機具與大物件的操作則由兒子新富老師來負責。

在「遊細工園」教學有個有趣的現象，就是以「二」為基礎的教學方式。例如對於木作的美感觀點，便有著男性（陳新富）的陽剛切入點、與女生（劉靜玲）柔美感受力的著重點；而在實做經驗上，也同時有著四年級生的工夫傳承與七年級生的無限創意；甚至在學員施作上遇到困境時，兩人也都能提出不同的解決之道。這是由於木工中許多技法都是互通的，而運用手法全憑個人經驗與習慣。以兩位木作老師豐富的經驗，加上學員的木作激盪，便能產生無限大的創意可能。

母子二人的情感交流與技藝分享，都透過一種又競爭、又扶持的方式在相互激發。例如依生活所需，由其中一人開出需求，另一位製作的「下單挑戰模式」；將最新木作資訊，透過E-Mail互相分享的「祕密共享模式」。這對可愛的母子比起一個人，更能玩味出其中的精彩，一起癡迷，相互激盪，同時也為生活增添一抹幸福的色彩。

性。

用。。

間。

1 線材收納櫃　只採部分刷色，加上刷舊處理，讓木作有了不同的個

2 古董縫紉機座臺　替古董縫紉機加裝新的木製底座，堅固又好

3 小型展示架　數個不同大小隔層，可作為小收藏品的展示空

4 布作展示相框　為自己喜愛的布作加裝相框，就成一幅畫作。

5 鄉村風食器收納架

6

7 裝飾縫紉機　俏皮的縫紉機圖案，在木作上做彩繪，作品不禁也活潑了起來。

8 暖呼呼電熱器架　底部採鏤空設計，方便推著暖氣到處走。

9 娃娃收納櫃

貓咪床　替貓兒量身打造的床，不管放在哪都好看。小貓也會很規矩地在這裡睡覺喔！

10 電視布蓋　門片木作加上布作所組合出的創意作品，不僅好用，還相當好看呢！處皆費工將活頁片都藏在櫃體的內側。

鬱金香雜貨櫃

使用工具：
線鋸機（鋸刀）、修邊機（1/4R刀）、
電鑽（鑽刀）、銅珠刀、十字起子、#220砂紙、
厚紙板、直角尺、海棉刷、環保漆

材料： 前後片：31.5×20.5cm（1片）
　　　　側片：38×11cm（1片）
　　　　底片：27.5×11cm（1片）
　　　　提手：27.5×5cm（1片）
　　　　木塞：18個
　　　　螺絲：18個

1 在紙板上畫好版型後剪下。

2 利用版型以鉛筆畫出鬱金香花朵與各木片的曲線。

3 在製作鏤空花朵處時，先以電鑽鑽孔。

4 使用線鋸機，裁割出花朵型與其他木片曲線。

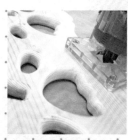

5 使用修邊機修圓邊角。

6 表面處以砂紙磨平，小範圍處則將砂指捲在圓木棒上進行打磨。

7 以鉛筆在需鎖螺絲處畫出記號。

8 使用電鑽鑽出螺絲孔。

9 木片分別上漆,漆色可隨各人喜好。

10 待油漆風乾後,進行打磨,營造出仿舊的效果。

11 以螺絲鎖合底板與提把。

12 再鎖合前後片木板。

13 最後將木塞置入螺絲孔,即完成。

SECRET 獨門秘訣

自製推進器

1 利用推進輔助器裁切木料。

2 可避免手部接觸刀刃,降低產生不必要的危險。

1

2

各式曲線版

1 事先製作各式曲線版。

2 以L型直角尺畫出中心線,再利用曲線板畫出線條。

3 長度不夠時,可自行以曲線版接續進行描繪。

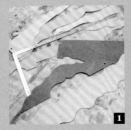
1

2

3

KK手造工房

wood school

 跟著**KK手造工房**玩木工

特色：著重於傳統木工的榫卯技藝
地址：新竹市草湖街17巷51弄19號
電話：0937-454-996
E-mail：kk0327@gmail.com
網址：http://tw.myblog.yahoo.com/kk9425/

撰文／方嘉鈴　攝影／王正毅

職人檔案簿

- 姓名：洪瑞鴻
- 木工年資：19年（1992起）
- 經歷：2008-2011年永興木業木工班專任教師
  2007年德豐木業木工班專任教師
  2004年新一代家具設計競賽 佳作
  2004年眼鏡設計競賽 佳作
  2003年小木器設計競賽 優選
  2003年新一代家具設計競賽 佳作
  2002年小木器設計競賽 第三名
  2002年台灣采風攝影比賽 佳作
  1999年 迷你巧木工坊DIY木工班專任教師(2期)
  1996年台灣省技能競賽門窗木工組 第四名

不用螺絲
與鐵釘的榫接教學

傳承古老的榫接技藝

　　如果要找出一個關鍵字來形容東方建築或工藝的特色，「榫接技法」肯定是其中最被稱道的一門「魔術」。不用破壞性的螺絲或尖釘，單靠榫頭、榫孔的拼接，就可以打造出堅固具韌性，甚至連力學與物理學都考慮在其中的建築與木製品，堪稱是東方工藝的驕傲，連坊間常見的塑膠地板「巧拼」，都借用了這個古老的智慧。而這項精湛的工藝技術，現在有了偏執的接班人－－KK。

　　「會跨入木工業，其實也算是個意外」，國中時因為新家的裝潢工程，看著木工師傅精湛手藝與優渥的收入，KK萌生了要從事木作工藝的念頭。並且為了兼顧術科技藝與學科知識，選讀了建教班。他慢下腳步穩穩做好每一項練習，功底也越來越紮實。更因此受到師長肯定，在畢業後經學校老師介紹，於「永興家具」受訓成為儲備教師。也在永興家具總經理、台南家具博物館館長葉泰欽老師的影響下，更深耕於「榫卯」的研究。

　　KK在學科及實做經驗上都具有深厚功力，但獨獨對傳統的榫卯技藝著迷不已。在他的作品中，處處可見在木材接合處，捨棄便利的尖釘與螺絲固定法，改採作工繁複的榫接技法。他說：「榫接可以降低木材的損傷，延長木製品的使用期限。這不只是喜好，更是基於對木材與使用者的一份尊重，讓被砍伐的木料得以傳承百年地陪伴著每一個家庭，一代又一代傳承家族的故事。」

　　著迷於「榫接技法」，不得不說是一個木作職人在美感與職業道德的偏執。因為不同的接合處必須使用不同的榫接技巧，如使用於窗台框架的「雙邊45度三缺榫」；於門窗中間部分的「相缺45度十字搭接」；或是常見於板類榫接的「燕尾榫」。但隨著工廠大量機械生產的趨勢下，幾乎已經沒有人使用這種費時、費工又高成本的製作方式。

量身打造專屬治具

　　「KK手造工房」內獨具巧思的各樣治具，都是由KK一手完成，除了便利的「畫線規」、針對弧面所設計的「弧面治具」外，當然還有堅持「全榫接」的工作檯。KK展露大師氣度的表示：「用榫接打造的工作平檯，不僅堅固、平穩，還沒有市售螺釘桌高低腳的問題。」

　　在課程的規劃與授課上，KK並不因為「手造工房」追求的創意與自由度，便忽略了對基本功的要求。尤其是學員們對於各項機具的熟悉與操作安全，更是KK最重視的部份。他並且親自編寫教材，將每一位學員所遇到的問題與經驗分享，詳細的更新於教材中。所以在「KK手造工房」裡，不只學員本身獲得成長，老師與教材也透過不同的學員體驗，變得更完善與貼近人心。

　　「在中國家具的發展史中，明代是木工藝達到最顛峰的時代。用料講究、線條流利簡約，細緻素雅中就能傳遞出美感。」KK對著工坊書架上滿滿的學術論作與工藝史籍說著。此時，空間中木椅腳上的飛簷木飾，被光線照出一對振翅高飛的曳影，古典與創新交錯得典雅難分。

1 傳統椅子　使用相缺十字搭接合與單斜技法接合。地椅面是本作品重點技巧。

2 明式矮凳　具弧度的飛簷木飾，營造出濃濃的古典味。

3 中國風板凳　椅腳部分，採用具有中國印象的內凹圓模具技法。

4 榫接課程中練習的45度斜邊十字搭接合。

5 燭台　圓鋸機課程中的內凹圓模具技法。

6 站立式燭台　無論是保有木紋感或塗上漆色都各具風味。

7 紙鎮　利用碎木隨手玩出的小物。

8 榫接課程中練習嵌槽榫接與包榫技法。

9 鄉村風餐桌　鄉村風家具搭配上榫接的技法。

10 榫接課程中練習的鳩尾榫。

扇形燕尾置物盒

使用工具：紅火鑿刀（2分、1分）、燕尾榫鑿（3分）、橡膠槌3吋、
日本二級中鉋（2寸）、文公捲尺、SKH尖尾刀、Shinwa直角規、
Shinwa鋼尺、Shinwa自由角規、日本玉鳥夾背鋸、雙腳畫線規、
木工線鋸（2號）、線鋸機、砂磨機、鑽孔機、木工F夾、
臥式鉋花機(倒路達)、T型刀6mm

材料：前後板：200×120×14mm（2片）
左右板：100×120×14mm（2片）
中隔板：200×70×14mm（1片）
底板：148×88×6mm（1片）

1 在木片上接合處標上三角形記號，便於組裝時，能更準確的接合榫卯位置。

2 使用單斜燕尾榫工法製作時，需先在木片上畫出傾斜10度的斜線。

3 1比6斜率的燕尾榫規靠緊端部，畫出燕尾斜線。

4 依照線條，製作榫頭，使用縱開夾背鋸加工。

5 使用木工線鋸進行橫斷鋸切。

6 使用木工鑿刀進行燕尾榫的鑿修。

7 將完成的榫頭緊靠於另一片木片端處後，描繪出榫孔的位置。

8 使用木工鑿刀鑿修榫孔。分別完成前後板與左右板再試組四塊木片。

9 使用2分T型製作出底板溝槽。

10 前後板與中隔板的接合處，以6mm木工鑽頭鑽出木釘孔洞。

11 由於中隔板的側邊較高，所以使用靠板可增加鑽孔時的穩定度。

12 結構製作完成後，進行外觀曲線的加工，以3mm夾板製作曲線型板。

13 將型板靠在中隔板上劃出曲線。

14 在前後板的型板曲線劃上曲線。

15 使用線鋸機裁去多餘的部分，鋸切位置約在線外1至2mm。

16 使用帶式砂磨機，研磨到標線的位置，要注意曲線彎度的滑順。

17 進行木板的組裝，記得要先上膠再將木釘打入孔中。

18 在榫孔和榫頭處塗上黏膠。

19 使用木工F夾固定。

20 待黏膠乾燥後，使用帶式砂磨機研磨外觀。

21 再使用砂紙細修，即完成。

SECRET 獨門秘訣

畫線規

1 由於使用木紋較粗糙的木料製作物品時，不易以鉛筆畫線做記號，因而研發出的「畫線規」。

2 先取出所需的距離後，利用前端刀片的刀口，即可輕鬆畫出平行線條。

弧形面治具

1 利用弧形面治具，簡簡單單就能在木片上做出想要的弧度。

2 放入下壓式雕刻機後，依弧形面向前移動。

3 完成第一道弧形後，拿起木榫放入下一個孔洞內，接續移動下壓式雕刻機製作弧形。

4 如上述反覆操作，即可製作出相同的弧度。

PART  4

動手玩木玩具

曾經，童玩是那麼獨一無二又極具手感的小物，
現在，只要你願意動手，
也能做出帶有老味道的木玩意，
無論是當成小禮送人或擺著討自己歡心都很適合呢！

發明造物教室
wood school

よもう！ 跟著**發明造物教室**玩木工

特色：從想像作品開始，到自己規劃步驟，才開始執行操作

地址：台北市士林區福國路39號

電話：02-2835-7526

E-mail：dim@dim.org.tw

網址：http://www.dim.org.tw/

撰文／方嘉鈴　攝影／王正毅

職人檔案簿

發明造物教師群：
師範大學師資，以帶領動手做的實做教育為主
台灣藝術大學師資，以傳達美學技法與素養
淡江大學機械系師資，以提供機械結構相關知識與技能為要
吳建萱、李日嬋、林怡如、林思穎、林貴生
周致羽、洪坤德、徐春生、徐雅惠、張嘉俐
張鴻俞、陳立庭、陳翠涵、陳瀅如、陳淡雅
蔡勝安、蕭雅方、藍德萱

兒童專屬的木作天地

不只做夢，更勇於實踐

創辦人陳學聖大學時就讀於機械工程系，自小跟隨著父親在產業領域中享受設計、製造的樂趣，加上經常和擁有教育與機械專長的舅舅一起玩飛機、討論設計……，在這些養分的滋養下，讓學聖一直以來對動手做都有著極大的興趣。

然而，眼看著大環境的轉變，舅舅和學聖對於現今孩子的共同問題——無法動手實踐自己的夢想感到憂心，因而兩人決定一起創立「發明造物」這間教室，但成立後，因舅舅還有更多想完成的教育理念，所以便由學聖接手，並找了徐雅惠、張嘉俐、徐春生三位大學同學繼續為這個夢想而努力

嚴格說起來，「發明造物教室」並不算是一間純粹的木工教室，而是推廣「小朋友自己動手做」的概念教室。

曾經，「觸感」與「想像力」是孩子們成長中，最大的依據與線索。我們透過觸摸、聯想去想像一個事物可能的用途，進而培養推理與判斷能力，逐漸熟悉世界的輪廓。但隨著工廠生產、大量製造的工業化時代來臨，小朋友親自動手製作東西的機會越來越少，自動鉛筆甚至讓我們連削都不用削，於是我們失去了對自己能力的逐步肯定，增加了對現成物品的依賴，最後連解決問題的能力也付之闕如。

　　「發明造物教室」便是基於這樣的隱憂，決心為孩子們營造出一個能動手作的空間。以「發明」的創造力，與「造物」的實踐力來期許這裡的每位小朋友，日後都能同時擁有這兩種能力。

　　教室的英文名字「DIM」，是「Do It by Myself」的縮寫，希望每位學生在製作作品時不只DIY的做，還要DIM的從自我創作開始。在此上課多年的學生子誠，就曾在成果展上寫下了：「在『發明造物教室』所學的知識技能，就像是水，而你，像一塊海綿；當海綿吸飽後，擠出來的不是水，而是創意。」這獨立思考的完整度，遠遠超過同年的其他孩子。

從執行中瞭解自己的極限

　　在教室課程的規劃上，「木工」是一個媒介。老師們希望能藉由「木工」的發想與實作，培養孩子自己想辦法解決問題，以及不依賴的態度。因此，在「發明造物教室」上課，必須從天馬行空的發想作品樣貌開始，接著為自己設計的作品規劃出操作步驟，才可進入執行階段。而在操作過程中，老師們會一邊陪伴、一邊指導，讓孩子們學習如何面對失誤進行修正；也透過反覆的演練以瞭解失敗、錯誤並不可怕，只要肯再來一次，一切都沒問題。所以當同學們完成由自己發想、修正並實作完成的作品時，其成就感是「依樣畫葫蘆」所遠遠不及的。

　　不過理想化的經營理念，也讓教室遠遠的脫離了營利性質。主要成員之一的雅惠，曾害羞地問負責資金營運的創辦人陳學聖說：「教室（發明造物）一直入不敷出，怎麼辦？」但陳學聖卻這樣回答：「千萬不要想著要讓它賺錢。因我們做的是教育，如果這樣想就會破壞它的理想性。」於是，「發明造物教室」漸漸融入了更多理想相同的老師們，數十人帶著熱情，有著相同的想法，一路將這夢，分享給更多人，越玩越精彩。

IDEA 10　創意發想

1 鬱金香摩天輪 轉軸是一朵盛開的小花呢。

2 神秘RD2 收到命令，起步走，準備執行，是個任誰都想要的專屬機器人。

3 長毛象 這可不是一般的大象喔！在八歲的小男生的眼中，他可是酷斃了的長毛象。

4 便便頭人與保齡球人 光聽名字就令人發笑，可見小朋友的創意不只展現在木作。

5 跳脫印象的蒸汽火車 在木工上融入機械原理，這火車真的可以運轉。

6 軍用綠車 叭叭叭……這可是軍隊專用的綠色大車。

7 神鬼戰士 每個關節都可以活動，想擺什麼姿勢都可以。

8 AMY AMY不是洋娃娃的名字，是十一歲的小女生用木工所做出的自畫像。

9 大嘴蛙 其實貪吃的青蛙看見食物時，舌頭還可以伸得更長呢。

10 來不及享受美食的老鼠 美味的起司近在眼前，可惜這隻老鼠還來不及享用，就已經餓死了。

HOW TO MAKE

 創意木頭人

事前的準備工作：

從討論開始，發揮想像力，賦予作品獨特性。

動手畫出屬於自己的專屬設計圖。

動腦想想，安排步驟與工作流程。

開始動手做：

1 依照設計圖，在木片上畫出所需的尺寸。

2 使用線鋸機裁切出所描繪的外型。

3 鑽出孔洞，作為製作活動關節之用。

4 使用磨砂機，細磨作品。

5 進行組合。

6 若發現問題，尋求改善，修正設計。

7 最後組裝完成。

SECRET 獨門器具

小孩專屬木工盒

1 綠色小盒，裝滿專給小朋友的木工器具。

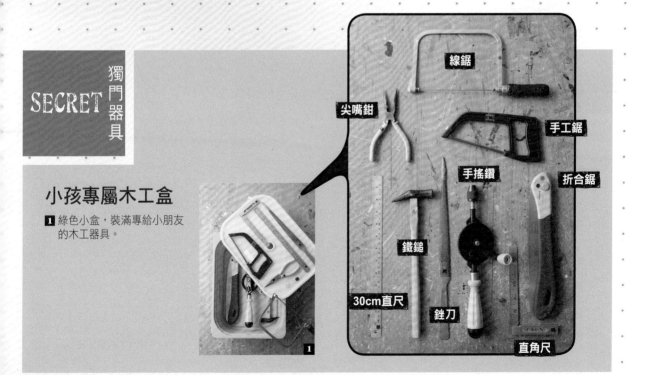

線鋸
尖嘴鉗
手工鋸
手搖鑽
折合鋸
鐵鎚
30cm直尺
銼刀
直角尺

樂創木工房

wood school

跟著 樂創木工房 玩木工

特色：除了教技術，更要激發木作創意
地址：新北市三峽區安坑43號
電話：0935-327-351
E-mail：mirei2428@yahoo.com.tw
網址：http://tw.myblog.yahoo.com/mirei2428/

撰文／張容慈　攝影／王正毅

職人檔案簿

回 姓名：吉兒媽咪
回 木工年資：5年（2006年起）
回 經歷：YWCA 基督教女青年會寒暑假兒童木工專任教師
　　　　中華少年成長文教基金會兒童木工教師
　　　　宜蘭教師木工研習會講師
　　　　懷德居木工實驗學校6期生

細木工 & 鄉村風的完美結合

木工之路沒有盡頭

取名樂創，也就是樂在創作的意思，和很多學木工的人一樣，吉兒媽咪接觸木工的契機，是起於尋找適合的家具，後來在網路上發現了教做木工的教室，便想自己做要用的家具，從此開啟了一條沒有止境的木工之路。

看著吉兒媽咪的作品，很難相信這一件件木工製品，是出自一位類風溼性關節炎患者之手，曾經長期使用藥物控制病情近二十年，沒想到在接觸木工之後，她已經三年沒有吃藥，身體狀況卻變得比之前更好，對吉兒媽咪來說，這是享受木工創作的樂趣之外，更神奇的另一個附加價值。

憑著指關節變形的雙手，吉兒媽咪努力熟習各種電動工具，不靠蠻力，不僅獨力創作、設計家中的所有家具，完成整個家的裝潢，更進一步開始販售自己的作品，還開了木工教室，投入了木工的教學工作。

木工讓每一天都很有趣

面對學生，吉兒媽咪始終把自己擺在初學者的位置，她認為唯有以新手的立場思考，才能體會學生的感覺與需求，而在上課時的教學相長，更讓她體會到木工的博大精深，於是在熟悉鄉村風家具之後，吉兒媽咪更積極提升自己的木工修為，她進修細木工，也把細木工的精神與質感帶進鄉村木工的教學與作品中，結合兩者在製程與設計上的優點，迸發出更細緻的鄉村風木工，也衍生出更好玩的木工創作樂趣。

強調創意的吉兒媽咪，常會在作品裡加入一些令人驚奇的巧思，可能是在木製彈珠台的製作上，利用支撐的板材裁出汽車的形狀，不多浪費素材，便做出另一個裝飾；也可能是在拆下來的酒櫃外加裝門片彩繪，成為家中兼具實用與美感的藝術裝置，看似神來一筆的創作靈感，其實是長久創作的累積成果，更源自於對生活每一個小細節的重視，以及惜物愛物的精神。

開始木工的教學之後，吉兒媽咪覺得自己變得較活潑，也比從前多話，更奇妙的是，變得比之前更開心、更健康，在2011年7月，樂創木工房和合作一年多的格子共同工坊一起搬到了新家，這裡除了有吉兒媽咪的鄉村木工教學外，還有木工車床、木雕課、木製眼鏡及椅子等主題課程，相信在這個更寬闊、多元的木工教學環境裡，吉兒媽咪的木工創作魂將更加活躍、更有創意，營造更多屬於木作的樂趣。

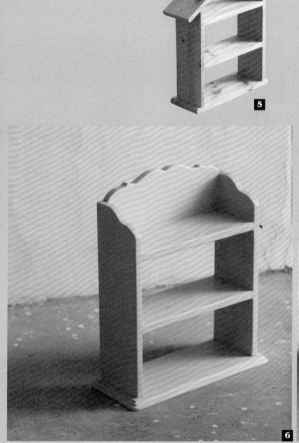

1 原木板凳 保留原木邊緣質感，更有味道。

2 體驗課腳凳 免費體驗課的教做作品。**3 小木車** 好看好摸又好玩。**4 鑰匙架** 利用木頭剩料，讓小朋友發揮巧思彩繪與拼貼。**5 屋形層架** 最上層做成屋頂的樣貌，就比單純的層架還有趣味。**6 藍色層架** 變化色彩就立刻變化質感。**7 彈子台** 上方的車子裝飾取材自後方的支撐板，讓小朋友也能發揮創意、體驗木工樂趣。**8 馬賽克小凳** 一點不浪費素材。**9 工具箱** 給學生使用的工具箱也這麼講究。**10 細木作邊桌** 單純的造型、細緻的觸感。

⌂ 雙層櫃
變身兒童廚房

使用工具：鋸子、L型尺、弓鋸、自在鋸、
　　　　　　木工夾、電動起子、螺絲起子、
　　　　　　螺絲、掛勾、砂紙、鑽尾

材料：雙層櫃：1個
　　　　背板：90×60×1cm（1片）
　　　　屋簷：67×12×1cm（1片）

1 依櫃子尺寸與各人喜好鋸出需求的木塊。

2 取一塊約67x12cm 板材使用弓鋸，鋸成半圓弧型當作屋頂（也可用手提電動線鋸代替弓鋸）。

3 以砂紙將板材毛邊磨細。

4 取一塊寬約7cm木條鋸成所需要的組件。

5 使用電動起子組合組件。

6 取一段三角型木條當作屋簷與背板的介面，依板材厚度，決定使用螺絲或鐵釘固定上（三角形木條可於一般木材行購買）。

7 製作水槽，使用不銹鋼盤倒扣畫上外徑。

8 將步驟7畫出的圓內縮約8 mm，使用鑽尾，鑽出自在鋸可放入的大小圓洞。

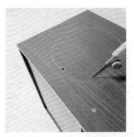

9 使用自在鋸，將圓形鋸掉（亦可用手提電動線鋸鋸圓，會更輕鬆）。

10 將切好的組件放置於背板上畫出位置，先引好螺絲孔，並先行上色，可使用水性木器漆或壓克力顏料依自己喜好彩繪。

11 使用電動螺絲起子將組件從背面鎖上。

12 爐具開關從櫃子側面鎖上。

13 背板與櫃體從後面鎖上。

14 最後將輪子鎖上。

15 擺上爐具，鍋碗瓢盆，簡易又省錢的鄉村玩具廚房就誕生了!

SECRET 獨門秘訣

立體透視圖與等比例縮小版

製作作品前，吉兒媽咪除了會以SketchUp繪製詳細的結構圖外，還會繪製作品的正面圖、俯瞰圖及背面圖；除此之外，設計新作品時，講究的她還會先製作縮小1/10的等比例小作品，除了可以檢視作品的完成度外，更能讓訂製者或學生清楚感受到作品完成後的樣貌。

亞外原色工坊

Wood school

跟著亞外原色工坊玩木工

特色：多元素材與木作的結合
地址：新竹市柴橋路117巷2-1號
電話：0912-875-550
E-mail：ya680412@yahoo.com
網址：http://tw.myblog.yahoo.com/yaway-yaway/

撰文／方嘉鈴　攝影／王正毅

玩出色彩繽粉的溫暖木作

「亞外」是工坊的名字，也是工坊主人的泰雅族名。笑臉迎人的「亞外‧李慕依（Yaway Limuy）」就如這名字在母語中的意思一樣，充滿溫暖的陽光與熱情，讓整個與學員一起設計出來的工坊空間，在秋日午後洋溢著暖暖的笑鬧聲。

陽台上的木工課

熱愛手作的亞外，具有深厚的彩繪底子，在創作時，往往憑藉著感覺將彩繪融入於木作之中，因而，用色大膽、色彩鮮活似乎成為亞外原色的重要特色之一。熱愛嘗試不同風格的亞外，也常在木作上混搭各式素材，這些新鮮的試驗不但效果極佳，更出乎意料地受到大家的喜愛。

於是，從小小陽台開啟了她的木工創作之路，木工教學也是從那時發起，就在狹小地空間克難的上課環境，而學員越來越多的情況之下，小陽台也漸漸容納不下這麼多的木作同好。她開始尋覓新的工坊落腳處，這個地方，要有能大口呼吸的好空氣吧？這個地方，要有能開心玩木作的大空間吧？這個地方，要盡量靠近大自然吧？於是在新竹的山邊，新的工坊成形了。

森林裡的咖啡座

隨著木工坊功能性所需，預計每年都會有計畫性的建設與改造，這些變更則是亞外與學員一同規劃、建造出的理想木工園地。例如宛如咖啡廳的展示間，便是基於除了木工教學區與材料室這兩個必備的空間之外，還想開闢出一個可舒適地分享與交流的場所而開展的。一個輕鬆、舒適帶有自然味的空間，裡面除了佈置與陳列許多特色木製品外，也是平日學員分享創作心得與生活瑣事的好處所。

在「展示間」裡，你可以看見亞外原色各式各樣溫暖的木作品，如利用廢棄玻璃搭配上九宮木格，並刷上她最愛的綠色，就成了展示明信片用的小木架；而將信箱設計成小木屋的造型，裝設可拉開的小木門，配上夢幻蕾絲並刷上活潑的色彩，每天打開信箱，都彷彿會收到從童話王國寄來的舞會邀請。

還有雜貨風的針線架，用小舞台般的底座，左側做出可放入縫線的圓棒，下底設計出四個小拉抽，並在作為把手的小木片上彩繪出各式縫紉工具，以鐵絲轉出帶有愛心的小衣架。亞外驚訝地笑著說：「我從沒想作我的作品會這麼可愛，可是雙手就這樣不知不覺的帶著我走向這風格。」

工作檯上的色彩遊戲

在亞外的木作課程中，除了著重於工具的操作、木工的技法之外，跟其他木工教室最大的不同，應該就是多元素材的混搭技法了。例如將彩色磁磚拼貼於木作上、或利用彩繪的方式裝飾木作品等，都可以讓木製品的風格更加豐富。

此外，亞外也很重視教學空間的舒適氛圍，所以她總是在空間中播放著輕柔的音樂，讓學員能放鬆身心也更專注於創作中。有時候學員們在這麼悠閒的氣氛裡，還會忍不住地忙裡偷閒走到教室旁，欣賞盛開的小花呢！亞外總說，今天這間木工坊，不是只屬於她一個人，是由一群熱愛手作的好朋友們所共同建立。園地裡有著亞外與學員們共同的理念，對木作的熱情以及家人般的溫馨情感。這裡除了阿哥哥、四隻小動物外，更因學員的歡笑聲為工坊抹上一道道豐富的色彩。

所以亞外「原」色工坊，傳達的不僅是「樹木的原色」，更含有「不忘本之意」，期許在未來能將泰雅族文化與木作融合，回到原來的自己，做一個快樂的木工創作人。

1 餐櫃
刷上一層淡淡的綠漆，讓木作的紋路更加醒目。板前綁上一條麻繩，可隨手夾入充滿回憶的照片與小卡。

2 回憶記錄板
在黑板前綁上一條麻繩，可隨手夾入充滿回憶的照片與小卡。

3 磅秤
利用各種廢木料製作出的木造型秤子，可以說是森林的縮影呢！

4 寶物盒
在木作上刷出淡藍色和白色的色調，搭配上布作和緞帶，是女孩最愛的甜美木作。

5 拼貼畫
將手邊的碎布與小雜貨，拼拼貼貼，再框入木相框內，就成了一幅自己的創作畫。

6 童話風信箱
充滿元氣的黃色配上沉穩的咖啡色，彷彿就是童話故事裡主人翁的小信箱。

7 鄉村收納櫃
以樹枝作為小拉抽的拉環，轉動一下Y字型樹枝門栓，門就開了。

8 雜貨展示架
在小拉抽的把手處貼上木片，彩繪出各式縫紉工具，作為拉手。

9 雜貨風針線架
把處改用隨手撿來的硬樹枝，散發出濃濃的自然味。

10 小花籃
提把處改用隨手撿來的硬樹枝，散發出濃濃的自然味。

🏠 老爺卡車

使用工具：線鋸機、木工f夾、修邊機、
砂磨機、蚊釘槍

材料：
車頭前板：80×54×19mm（1片）
車頭側板：105×54×19mm（2片）
車頭上蓋板：114×98×19mm（1片）

車身前板：95×54×19mm（1片）
車身側板：115×102×19mm（2片）
車身後板：115×132×19mm（1片）
車身頂板：154×132×19mm（1片）

車斗前板：154×72×19mm（1片）
車斗後板：154×72×19mm（1片）
車斗側板：154×72×19mm（2片）
車斗底板：235×192×8mm（1片）
車斗底板：400×180×19mm（1片）

車輪箱前板：178×27×19mm（1片）
車輪箱後板：178×27×19mm（1片）
車輪箱上板：178×15×12mm（1片）
車輪箱底板：178×50×8mm（1片）

車胎：直徑70 mm，厚度15mm（1片）
圓棒：206×9mm（2支）

1 依尺寸表裁切木片。

2 將車頭部份的側板作成L形曲線後，黏合側板、背板和頂板。

3 車頭前板與側板分別裁出20度角，使用修邊機（斜刀）修出導角。

4 組裝車頭。

5 組裝車身後，與車頭接合。

6 車斗部份，使用桌上型線鋸機在車斗側板處，做出鏤空的幸運草圖案。

7 分別組裝車頭底板，再使用修邊機（斜刀）修出導角。

8 先使用120砂紙磨去粗糙面，再以280的砂紙磨細。

9 隨個人喜好，刷色與貼上裝飾即可。

SECRET 獨門秘訣

鑲磁磚技法

1 自製的輔助板。

2 以鉛筆在木片上畫出磁磚的形狀。

3 對齊框線後，放上輔助板，以木工夾固定。

4 使用下壓式雕刻機，裁出邊框。

5 再用鑿刀細修邊處。

6 放入磁磚即完成。

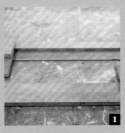

木匠兄妹
DIY休閒園區
wood school

跟著**木匠兄妹DIY休閒園區**玩木工

特色：園區舒適活潑，作品精緻易上手
地址：台中市后里區舊圳路4-12號
電話：0800-288-858
E-MAIL：service@carpenter.com.tw
網站：http://www.carpenter.com.tw

撰文／張淳盈　攝影／王正毅

職人檔案簿

回 **姓名**：周信宏
回 **木工年資**：難以計算（從小耳濡目染）
回 **經歷**：木匠兄妹DIY生活木工坊業務經理

可愛風萬歲，木工遊樂園

When I was young
I'd listen to the radio
Waiting for my favorite songs
When they played I'd sing along
It made me smile……

　　在后里的寧靜鄉村中，悄悄流瀉著Carpenters的歌聲，樂音中偶有小木槌的敲打聲響，空氣裡帶點田野獨有的草地氣息，還有片瀰漫著歡笑聲的園地，在綠油油的有機蔬果園，栽種著玉米、芭樂等蔬果，養著可愛的小兔子。悠閒舒適的園區內飄散著咖啡香，而人潮最多的區域就是擁有琳瑯滿目輕木工作品的DIY木工教室。

　　這裡，是木匠兄妹木工DIY休閒園區，一座以濃厚家族情感為基石的木工遊樂園！

敞開心門大轉型

　　園區主建築以木工廠房和現已轉型成DIY教室的倉庫各佔左右兩側，從廠房略顯陳舊的歲月痕跡裡，依稀可見昔日榮景的起落。原來，木匠兄妹的前身－昌立木器廠，曾以組子欄間（細木手工黏合組裝的高級和門）工藝聞名，主攻日本外銷市場，全盛時期聘有30多位師傅，工廠內時常可見來來往往的日本客戶。然而，隨著產業外移日益嚴重、低價搶市，訂單越來越少，師傅也一個個走了，喧鬧的廠房逐漸被寂靜侵佔……，但是木匠爸爸還是堅持天天到工廠報到，定期打開機械運轉，彷彿，等待著重新登場的一天。

　　從小就被父親寄予傳承家業重任的周信宏，眼見細木工業如夕陽西沉，不知如何是好的恐慌讓他在大學畢業後索性留在台北，進入知名廣告公司任職；縱使，內心深處，他從未遺忘過小時候與妹妹一同在木工廠嬉戲的快樂時光，還有父親埋首於精巧木作的自信風采；每當回家看見父親獨自前往工廠的身影，心底總有說不出口的不捨和心酸。

最終，這份對父親與本土木工業沒落的不捨，促使他在2005年下定決心，離開光鮮亮麗的台北，回到自小熟悉的木工廠，和妹妹一起找尋讓木工廠再次充滿活力的種種可能，一步步敞開工廠的大門，打造木匠與兄妹的新章。

木匠兄妹的開始，以完全不同往昔的DIY輕木工玩具來當敲門磚，但木匠爸爸並不看好這些木作小玩意，對於工廠開放參觀也充滿疑慮與不認可，於是剛開始的DIY教室僅僅只是二張桌子的範圍，但隨著周信宏從發傳單吸引的人潮越來越多，甚至結合周邊景點行程，成功打入校外教學的市場，原本袖手旁觀的木匠爸爸也悄悄地整理出倉庫，協助規劃園區硬體，成為實力最堅強的後盾。

設計木作新潮流

有深厚木工藝基礎的木匠兄妹，改變從前的大型裝潢木作，改以精巧、實用性高的木作品為重點開發品，希望透過簡單的木工DIY，喚起大眾對木工的喜愛和興趣，更希望透過這些簡易的手作品，在小朋友的心底埋下木工的種子。

在周信宏的堅持下，木匠兄妹以無毒原木、不上漆的木作品為宗旨，每季定期推出新品，例如：剛推出的「沐光燈」，結合傳統木工技法，雅致的造型與散落的光源，讓人沉醉在質樸靜謐的氛圍裡；俏皮的「槍尺」實用外增添無限童趣；四方筆桿配置小木夾的「木夾筆」，巧妙的設計讓鉛筆不再滾動，還能夾在書本上避免掉落。

源源不絕的創意發想，讓曾經寂靜的老木工廠再次動了起來，也讓木匠與小兄妹的回憶繼續延續著20多年前的原木芬芳。

此時耳邊，又輕柔的響起Carpenters的《Yesterday once more》

All my best memories
Come back clearly to me
Some can even make me cry
Just like before
It's yesterday once more
Yesterday once more…

1 立體象棋
顛覆傳統象棋的形式，改採立體創意化設計，讓小朋友和外國朋友都輕易上手。

2 木夾筆 將鉛筆與木夾巧妙結合，四方筆桿也解除鉛筆滾來滾去的煩惱。

3 摩天輪 最浪漫的地標代表，可隨意轉動；車廂可放置文具、小配件，是辦公室最好的療癒系小物。

4 神槍手 橡皮筋槍重出江湖！六連發機構設計增加遊戲趣味性，復古左輪槍的造型最滿足童年當個帥氣槍手的夢想。

5 兔子書檔 「小兔仔力擋群書！」山毛櫸製作的小兔仔，小兔使作品更具質感，搭上松木底做出跳色效果，小兔仔魔力無法擋。

6 槍尺 當橡皮筋槍與尺結合後，就變成具趣味與功能性兼具的文具囉。今天，你想瞄準誰呢？

7 報兔仔 可愛的報兔仔具有黑板的功能，讓你隨時將重要的資訊記錄在上面，隨時提醒自己不遺漏。

8 夢想號 讓夢想號載著你的夢想朝翔天際吧！有人在家嗎？以啄木鳥發想的木門鈴，讓可愛的咕咕鳥提醒你訪客

9 咕咕鳥 叩叩叩！

10 搖擺綿羊 左搖右擺的可愛小綿羊，童話感十足的造型散發讓人愉快的奇妙氛圍，嘴角也忍不住漾出弧度！

懷舊彈珠台

使用工具：白膠、螺絲起子、木槌

材料：隔板：12.5×3.5×0.6cm（5條）
　　　　長隔板：18×3.5×0.6cm（1條）
　　　　上下板：18.7×4×1.4cm（2條）
　　　　左右邊框：31×4.5×1cm（2條）
　　　　台腳：7×1.5×1.5cm（2支）
　　　　弧形片：4.7×5.5×1cm（2片）
　　　　底板：28.5×19.5×0.6cm（1片）
　　　　檔板：16×1.5×0.7cm（1條）
　　　　木榫：8顆
　　　　陀釘：11顆
　　　　螺絲：6個

1 八顆木榫沾上白膠。

2 將沾好白膠的木榫依序放入上、下框邊的洞裡，輕敲入孔洞中。

3 木榫另一端沾上白膠。

4 拿起左右框邊，兩個洞朝上方，較靠邊處的洞朝下。

5 組合外框和底板。

6 四周組合完成。

7 框翻至背面，以螺絲尖端轉出一些洞。

8 調整台腳的洞口，對上螺絲，緊壓調整台腳貼在邊框上，後鎖入螺絲（黑色調整腳可變換彈珠台的高度）。

9 台腳組合完成圖。

10 每個邊框洞口處，皆鎖入螺絲。

11 將彈珠隔板(五短一長)接在凹槽處塗上白膠。

12 長隔板放入最右邊，短隔板則依序放入，並往下推入卡榫內，可更牢固。

13 趁白膠未乾，拿起檔板調整五根短隔板的位置，檔板為活動式設計，記得不可黏合。

14 三角板較尖的那端為彈珠滑軌先碰觸面。

15 確定位置後，將三角板沾上白膠貼著上邊框黏合。

16 陀釘一半塗上白膠後放入洞內黏合。

17 黏合固定，如圖所示。

18 組裝完成圖。

開始玩

19 檔板可拿起讓彈珠落下。

20 以撥板較薄的那面撥彈珠即可。

SECRET 獨門秘訣

檜木再利用 製作小香包

珍貴的檜木拆解後，若無法再組裝成家具或木器，可以用刨刀刨出木片，讓天然的檜木香成為提神的小香包。

1 判斷檜木板木紋。

2 架上木工夾，夾入檜木片，以順紋方向刨出檜木片。

3 使用刨刀時，力道要平均，刨出來的木片呈捲捲狀最成功。

4 刨好的檜木片放入小紗袋中，就是最環保的木小物嘍！

PART / 5

動手玩木家具

家具賣場的木質家具，
怎麼搭都搭不出家裡的設計風格？
沒有標示生產地或用料品質保證的木質家具也讓你十分困擾嗎？
那不如自己動手做，
將對家無形的依戀，轉變化成守候小屋的木家具吧！

林班道體驗工廠

wood school

撰文／李若潔　攝影／陳家偉

 跟著**林班道 體驗工廠**玩木工

特色：體驗性質濃厚，教你輕鬆DIY組裝木作半成品
地址：南投縣水里鄉車埕村民權巷101-5號
電話：049-277-7462
E-mail：contact@grove.com.tw
網址：http://www.grove.com.tw

職人檔案簿

姓名：孫國益
木工年資：37年（1974年起）

假日木工，來當一日快樂小木匠

尋著林班的腳步走入森林

　　「林班道」這個特別的名字，取自木業發達時期，伐木工人的隊伍單位「林班」，而為表達復興木業文化的決心，加上象徵精神的「道」字，所以故稱「林班道」。

　　車埕鄉，過去曾是木業製造中心，也是中台灣林木輸出的轉運站，曾經見證過一段台灣伐木業的輝煌歷史，1970年，政府下令禁止伐木，台灣伐木業於是走入歷史，這也使得車埕小鎮逐漸沒落蕭條。而當時為配合日據時代發電所興建的鐵道支線「集集線」，雖然讓鄰近的集集小鎮觀光變得熱絡，但車埕的轉型之路，亦走了一段不算近的辛苦過程。

　　車埕鄉早年依賴木業文化，但在轉型為觀光聚落的同時，體察到傳統手工技術漸為失傳、新木工技術又缺乏教授、學習的場所。於是便傾當地專業人士之力，打造一間屬於純手工的觀光娛樂展示中心，與當地的鐵道、農特產、水利三大豐富在地文化結合，發展出別具特色的觀光路線。

當年伐木所遺留下來的木材加工廠，在精心規劃之下發展改造成木工體驗坊與特色咖啡館。許多當年運送木材的輕軌鐵道，回收後重新鎔鑄成為鐵欄杆，場館裝潢過程中特別留下的空瓶罐，也形成了園區裡特有的裝置藝術品。而舊時日本木業廠常用名為「紅丹」的標記色──橘紅色系，也藉由大面積的繽紛色調，映襯出木工坊欣欣向榮的活力面貌。

木師父挽起袖子以木傳情

目前木工坊的經營概念，主要在於讓所有人體會木業社會的歷史文化，所以除了文物館的參觀之外，也提供了木工體驗的服務項目。有近百種木工半成品可以讓遊客自由選擇體驗實作，由專業培訓的木工老師個別指導技巧，就算完全沒有木工經驗也保證可以輕鬆完成，每個人都能輕鬆享受木工製作的無窮樂趣。坊內的木材都是再生造林木，呼應環境關懷與能源再生的環保訴求，所使用的漆料也是環保漆，全都強調不會對環境造成任何的破壞和污染。

希望可以用木頭為更多人集結簡單的幸福，在生活中自在的跟木頭共處，不需要感受到任何拘束感，就是「林班道」最終的理念，讓許多關於生活的夢想和理想都可以在這裡被實現。

IDEA 10　創意發想

1 靠背三角椅　造型特殊，實用好坐的舒適椅型。

2 智慧積木組　輕鬆可入手的巧拼積木，隨時都能進行挑戰。

3 樓梯椅　具有高矮兩種角度的椅身，能更加靈活運用。可愛的童玩款木工最能吸引小朋友的目光。

4 休閒椅　懷舊感十足的木桶有大小不同尺寸，實用、收藏都討喜。

5 玩具火車

6 木桶　收納方便且能承載一百二十公斤的重量。

7 筆筒　實木小板凳　除了可以坐以外，隨意放在角落也是置物小幫手。

8 積木櫃　最簡化的榫接成品，能自由拼裝加大或加層。

9 兒童踏台椅　小巧可愛的模樣經過彩繪後便精緻感加倍。

10 懷舊小木馬　造型復古的木馬玩具，還能彩繪上各種可愛顏色。

HOW TO MAKE

弧型板凳

使用工具：
槌子、白膠、螺絲起子、橡膠槌

材料：
椅面：42×22cm（1片）
椅骨：43×7cm（2片）
椅腳：38.5×8.5cm（4支）
木榫：8個
螺絲：2個

1 在板凳樑骨組裝處塗上樹脂黏膠後接合。

2 將十字狀的板凳樑體與椅腳分別搭接。

3 樑體的四邊分別鎖上螺絲，加強結構的穩定度。

4 在木榫處塗上些許樹脂黏膠後，插入板凳椅腳的榫接孔內。

5 椅面榫接孔對準木榫接合。

6 以木槌敲合椅面和椅腳，即完成。

SECRET 獨門小物

組裝半成品

只需要黏貼鎖螺絲就能完成了喔！

維多利亞
木工DIY教學
wood school

 跟著維多利亞木工DIY教學玩木工

特色：從基本製圖教起，完整學會鄉村木工家具製程
地址：台北市承德路七段
電話0925-509-036
E-mail：arthur.lks@msa.hinet.net
網址：http://tw.myblog.yahoo.com/sparkled-arthur/

撰文／張容慈　攝影／王正毅

職人檔案簿

回 **姓名**：Arthur李凱昇
回 **木工年資**：9年（2002年起）
回 **經歷**：社區大學木工教師

從細節開始的紮實木工房

態度重於技巧和技術

　　九年多前，Arthur還是個上班族，在偶然的機會發現木工這檔子事，於是透過雜誌與各種資料自學，做出自己的第一個作品，做著做著，不僅有了心得，也有了自信，於是在網路上賣起木工作品。從採購的上班族工作，到鄉村木工，從鄉村木工教學，再到細木工的鑽研，說自己就是喜歡變來變去的Arthur說：「木工的世界這麼博大精深，再怎麼愛變，也一輩子都玩不完啊。」

　　Arthur認為，不論從事哪一行，最重要的，不是技巧和技術，而是態度。尤其是在做木工時，看作品就可以反映製作者的心境，不管是在多麼細的枝微末節，只要抱持著得過且過的心態，在任何一個流程上潦草帶過，都一定會呈現在完成的作品上。面對木工與人生，他以「不欺暗室」為圭臬，所有流程與細節，都以嚴謹、準確的精神看待。

　　嚴謹的態度與輕鬆的心情，或許正是維多利亞的最大特色，笑言自己講話愈來愈直的Arthur妙語如珠，他表示目前接到詢問度最高的問題是：「我沒有木工經驗，可以學嗎？」他說，不要再問了，會木工的人不會來學，當然是沒有經驗的人才要來學啊！從部落格的文章，可看出Arthur和學生間的良性互動，一邊教學一邊默默觀察學員的他，字裡行間除了流露對學生作品的滿意外，更常寫出學員特質，是很有意思的記錄。

自信，來自完整的流程

　　到維多利亞學木工，一期五天的課程，初學者的第一天一定是基礎工，上半天熟習工具，下半天學畫圖、製作結構圖及材料表，Arthur認為會畫圖、懂得製作材料表，才能真正了解家具組裝與結構的概念，也可以真正延續木工生命，不會回到家之後就無法獨力完成作品，他自信又率直地說：「我希望學生可以回來問，表示他們真的有在做也會做，但除了買材料之外，不要再來讓我賺錢了。」

　　第二堂課開始，就是依需求自由創作了，一個班七個學生，通常會有Arthur與陳老師兩個老師照看，這時候老師就站在協助的立場，依照每個學生的需求給予協助，Arthur表示，通常在這個階段，就可以完整學到八成以上製作家具的技法，木工其實沒有那麼難，除了按部就班之外，就是要注意安全，如此而已。

　　最後的油漆課程是維多利亞最自豪的教學項目之一，油漆不僅有畫龍點睛的效果，更可收保護木材之效，不論是染色、兩底一面的傳統上漆技巧，或者是上蠟技巧，都能替作品增色不少。

　　也因為如此按部就班的課程設計，Arthur有自信在這裡上完課的同學們，至少有八成以上擁有獨力完成木工作品的能力，「這是做為一個老師最基本的。」他以「沒什麼啦！」的表情這麼說。我想，除了學木工，來這裡，肯定能和這個老師學到點什麼別的吧。

IDEA 10　創意發想

1 **邊櫃** 全以榫接完成，俐落優雅。2 **筆** 車床作品，細膩雅緻。3 **溫莎椅** 做給兒子的專屬讀書椅。4 **木盒** 細緻又溫潤的手感讓人愛不釋手。5 **車床圓罐** 大小圓球刀點出的凹凸面成為視覺焦點。6 **小椅子** 愈小的東西難度愈高。7 **細木工矮凳** 質樸中見細緻。8 **細木工鳩尾榫盒** 彎曲的線條讓硬邦邦的木板柔軟了起來。9 **木環與小杯子遊戲** 動手試試看吧！10 **廚房櫥櫃** 比系統廚櫃更貼合溫暖的需求。

折疊休閒躺椅

使用工具：線鋸機、鉋刀、圓弧鉋刀、修邊機、
　　　　　　後鈕刀、45度刀、木塞刀

材料：

前椅腳：2.5×14×110cm（2支）（以線鋸機取成2.5×7×110cm）

後椅腳：2.5×14×118cm（2支）（用線鋸機取成2.5×7×118cm）

座椅條：2.5×4.5×46cm（9支）

靠背條：2.5×4.5×51.1cm（9支）

1 製作四隻椅腳，以一條三分夾板彎成自然弧度並用鉛筆畫出線條。

2 以線鋸機鋸出第一隻椅腳。

3 以鉋刀刨平椅腳外弧線。

4 用圓弧鉋刀將椅腳的內側弧線刨順。

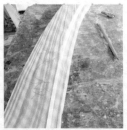

5 第一隻椅腳當作樣板，將第一隻椅腳、第二隻椅腳以雙面膠帶黏在一起。

6 使用修邊機與後鈕刀，以第一隻椅腳為樣板，將第二隻椅腳修成一模一樣的形狀，依此法做出第三、第四隻椅腳。

7 以修邊機與45度刀將連接條腿的木條兩端修成45度斜角。

8 以鑽頭在連接木條上預鑽出引孔與木塞孔。

9 以螺絲與白膠組合椅腳與連接木條。

10 以木塞刀與鑽檯做出木釘。

11 白膠填入木塞孔，將木釘敲入並切掉多餘部分。

12 打磨上漆後即完成。

pocket hole
斜口導引器

接合組裝木材時，只需要這個小小的工具，就可以輕鬆維持清新平滑，從外觀完全看不到接合處的釘痕及鑽孔，不管是平接、垂直接合，無痕的表面都可讓家具的質感加分不少。導引器的種類有很多種，可依板材的厚度決定使用的螺絲長度並調整鑽頭長度，非常方便。

1 以木工夾將導引器固定在板材上需要打洞處。

2 取電鑽從導引孔鑽洞。

3 鑽入螺絲固定。

4 完成後。從外觀完全看不出鑽孔組合的痕跡。

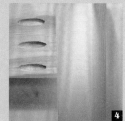

青松輕鬆
木工教室

Wood school

跟著 青松輕鬆木工教室 玩木工

特色：夫婦一同報名，只收一人學費
地址：新竹縣新埔鎮中正路89號
電話：0928-500-759
E-mail：mingho6749@gmail.com
網址：http://blog.yam.com/relaxpine

撰文／方嘉鈴　攝影／王正毅

舊物改造，讓老味道有新風貌

從木頭堆裡長大的小孩

自祖父開始，家中就從事木工業，張明河從小對爸爸最深的印象，便來自於在那牛車興盛的時代，爸爸以雙手，替農家打造牛車的身影。雖然從未打算要接承衣缽，但跟在爸爸身邊到處幫忙，不知不覺中，也習得了一手的好技藝。於是，在退休後，就以父親之名「青松」與諧音的「輕鬆」，作為木工教室之名，一方面藉以紀念以木工養大兒女的父親，一方面期許在這裡上課的學員都能輕鬆玩木工。

喜愛動手做木工的張老師不僅自行創作木作，也常常和妻子一起撿回許多被人丟棄的家具，然後動手修補，例如將壞損到只剩下主架構的椅子，換上帶有愛心的弧狀背板與桃子模樣的椅板，刷上白漆後，就變成了一張可愛風的新椅子。更由於妻子擅長彩繪與拼貼，在兩人協力合作下，無論是製作新品或進行舊物改造，都能賦予木頭獨特的生命力；因此，許多網友也紛紛將具有紀念性的舊物託付到工坊，例如歷經六十多年歷史，如今無法給小朋友使用的木馬，在張老師的巧手變身後，不但恢復了搖搖馬的功能，還帶有繽紛的色彩；或從大陸飄洋過海來台的部隊個人公文箱，經巧手的點綴後，箱外開滿了滿滿的立體花朵，一掃昔日沈重的戰爭歷史感。

寄託情意的木作

記得在開班之初，曾有位來上課的太太，興致勃勃地在木工教室揮汗玩木作，但每次將滿懷情意的作品帶回家時，總被老公嫌得一文不值，漸漸地這位太太越來越沒有自信做木工，也就不碰觸木工了，這讓張老師非常震驚與惋惜。因而，從此開始鼓勵夫婦一同來此上木工課，並且祭出夫妻兩人同行，只收一人的費用的優惠。所以來青松輕鬆木工教室的學員大部分都是夫妻檔，而一同學習木工，製作作品，讓兩人擁有共同的嗜好，也增加兩人之間的話題與感情，看著夫婦們相互合作，做出屬於他們共有的木作，令張老師也感到滿足，也更加深要推廣夫妻一起學木工的理念。

在教學過程中，有位讓張老師夫婦一提及就滿臉笑容的有趣學生，兩人暱稱他為「副站長」。五十多歲的副站長，由於在花蓮有塊地因而想學習木工，想待鐵路局的站務工作退休後，替自己打造一座木作小屋，於是決心來上木工課。開課沒多久，副站長就拿了三千元硬塞給張老師，拜託老師把這些錢當成上課的保證金，以避免自己會忍不住偷懶蹺課。但木工坊從不扣押保證金來控管學生的出席率，使得張老師左右為難。然而副站長一再拜託老師收下，因為副站長覺得自己是個有點懶散的人，很怕自己怠惰不來上課，因此才想到用保證金這招來逼迫自己不要半途而廢。

木作對於張明河老師不僅是項技藝，更富含著對爸爸的那份愛，感恩那雙以木工養活全家的手，因此，將陪伴爸爸一生的墨斗，供奉於祖先位旁給爸爸作伴。而張老師也將承接起木工的手藝，將對木作的愛，傳遞給更多愛木作的人。

1 太師椅 學員為了年邁的祖母所製作的，打開椅面還具收納功能。

2 雜物收納盒 在保有原木色調的木盒上，挖出一個鏤空的蝴蝶結，搭配上蓋的弧形板，可愛度滿分。

3 多功能層櫃 有九宮格的展示空間，以及小型和中型的門櫃，功能齊全。

4 木馬 原本已破損不堪使用的木馬，經張老師的巧手修復後，不僅能給小朋友玩，還可當成家中的裝飾品。

5 花朵公文箱 早年從大陸飄洋過海的部隊公文箱，拼貼上鮮豔的大紅花後，呈現嶄新的生命力。

6 信箱 可獨自站立在門外的可愛信箱，讓路過的行人都忍不住多看他一眼。

7 復古板凳 造型簡單的板凳上，烙畫出各式圖案，瞬間每張小椅子都有了不同的性格。

8 雙門櫃 在接合處改裁出楓葉、幸運草的造型，就能輕鬆開關門櫃了。

9 木鐘 加裝把手，在圓面上，烙畫出富含中國風的花草，營造出古典的木風格。

10 鄉村珠寶盒 刷上綠色淡漆後，加入拼貼和彩繪的技法，比市售的木盒還更精美。

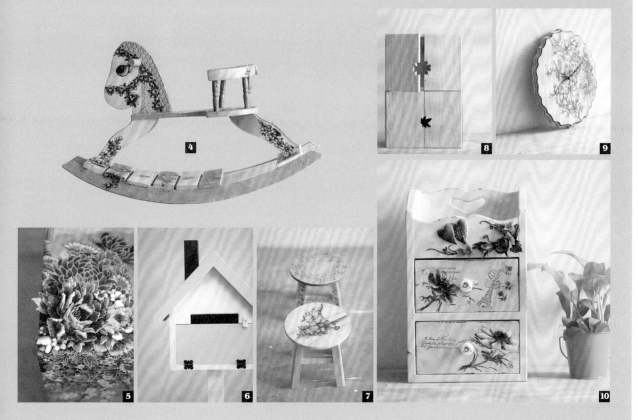

心型踏台

使用工具：L型角尺、木工夾、線鋸機、
　　　　　修邊機、電鑽、木工膠、銅珠刀、
　　　　　3mm 鑽頭、沙拉刀、十字型螺絲刀

材料：

紐西蘭松木

愛心板：36×25×2cm（1片）

側板：30×28.5×2 cm（2片）

腳踏板：26×14×2cm（1片）

支撐條：13×2×2 cm（2片）

木塞：12 顆

1吋木螺絲：4 個

1.5吋木螺絲：12 個

1 以鉛筆在木板上畫出愛心形，用木工夾夾住木板，使用線鋸機裁出愛心。以同樣的作法，製作出兩片曲線的側板。

2 以修邊機進行腳踏板木片的修邊。

3 愛心木片和兩片側板以同樣的方法進行修邊。

4 愛心木片、兩片側板、腳踏板分別以磨砂機修磨邊角。

5 擺放木片，調整組合位置。

6 以L型尺輔助，在放入支撐條處，標上記號。

7 放入支撐條，微調組合位置。

8 分別在兩條支撐條兩邊，以電鑽各鑽一個孔。

9 在支撐條上塗上黏著劑。

10 分別將支撐條黏貼於兩片側板上。

11 將1吋木螺絲鎖入孔洞內。

12 以L型尺輔助，在腳踏板與側板接合螺絲處，標上記號。

13 以電鑽鑽孔。

14 腳踏板與側板以黏著劑黏合。

15 以木工夾固定後，鎖上螺絲，另一側作法相同。

16 以L型尺輔助，在愛心木片與側板接合螺絲處，標上記號。

17 鎖入螺絲後，塞入木塞。

18 以磨砂機打磨成品，即完成。

傳家墨斗

1 早年以墨汁沾染棉線印色的墨斗，現在已經不常見了。

2 先在海綿處加入墨汁，固定測量點後拉線。

3 輕拉棉線，就能在木片上彈出線條。

1

2

3

手作屋

wood school

跟著手作屋玩木工

特色：木作&居家佈置
地址：桃園縣新屋鄉石牌村六鄰2-1號
電話：0932-363-962
E-mail：kenny581118@yahoo.com.tw
網站：http://blog.xuite.net/kenny581118/bolg

撰文／方嘉鈴　攝影／王正毅

職人檔案簿

□ 姓名：Kenny & chi
□ 木工年資：15年（1996起）
□ 經歷：曾獲政治大學不動產研習社邀請主講「平
民美學-DIY妝點你的家講座」
著有《木工‧鄉村風 my home》

刷出深白色，打造專屬夢幻木作

從一句情侶間的話語開始

十多年前的某個日光午后，女孩隨意翻閱著日系少女雜誌，而圖片中裝扮可愛的人形身邊，幾個恬適鄉村風格的木作小雜貨，就這麼吸引了女孩的眼光。女孩指著圖片說：「我好喜歡這個喔，台灣怎麼都買不到？」身邊的男孩只淺淺瞄了一眼圖上的木作小物，便輕鬆地說：「這那麼簡單，乾脆我做一個送妳好了」。就這麼輕描淡寫的一句話，這對小情侶一頭鑽進木工的世界，從按圖索驥的初學者，靠著一次次的「try and error」，成為了網路上極受歡迎的木作達人，Chi和Kenny「手作屋」的故事，也從此展開。

在當時，除了傳統拜師學藝的學徒之外，自修的木工愛好者其實並不多，一切都得靠自己摸索。偶爾請親友從日本帶回相關的書籍，即便不懂日文，也就這麼看著圖解，邊學邊做；有時候會到家具店去觀摩一下實體物件，這時Chi就得裝成是買主的樣子和店員閒聊，讓Kenny能有時間仔細研究家具的結構；就連輕重機械與手動工具，也只能在購買時向店家請教使用方法，沒有其他詢問的對象。

就這麼一面將自己的作品放上網路與大家分享，一面自修學習。漸漸地有越來越多人來訂製家具，以及詢問開課的可能性。Chi和Kenny想著或許可以和大家分享木工的樂趣，於是就開設了木工課程，讓「手作屋」的園地不只販售具鄉村特色的手造家具，更可以動手做出專屬自己的作品。

在「手作屋」裡，處處可見白色系的鄉村風作品，例如在刷白大櫥櫃上，搭配復古風的鐵製手把；或以白色為基調，搭配上原木色澤所製成的小信箱；以及撿取廢棄的窗框，刷上白漆並裝飾木製音符、乾燥的果實與蕾絲，就成為典雅的裝飾品。使用大量的白色，不僅襯出木材的夢幻質感，在空間擺設上也跳脫原木色澤在空間狹小時，所顯露的侷促。而對這對情侶來說，更重要的是因為：白色是Chi最喜歡的顏色啊！兩人在這默契的當下，不禁也露出一絲靦腆與驕傲。

以木作牽起一段段情誼

因為兩個人都是自學出身的木藝家,所以在教學過程中的細心與體貼,成為「手作屋」的特色。例如Kenny習慣選用松木和杉木來作為上課的素材,就是因為這兩種木材的軟硬度很適合初學者來使用,而且價格也平實。又Chi和Kenny常常發現許多學員,才剛來上一兩次課,就急著買自己的工具和機具。這時兩人一定會勸學員,先使用教室所提供的就好,等把課程上完後再決定要不要買這些器具。

而在課程的設計上,他們也會依據作品的特性,仔細傳授每一個細節與技法,例如製作餐桌時,Kenny就會堅持在桌腳與桌面的接合處,一定要採用榫接技法。畢竟餐桌是與人們生活關係很密切的家具,雖然用螺絲鎖接也能達到類似的效果,但承重率卻遠遠不及榫接。若不堅持這些細節,不僅降低作品的使用期限,也可能會在使用時造成危險,於是便寧可採用更繁複但確實的作法,也不願取巧。正因為處處從學員角度出發的體貼思維,也讓學員個個都成了兩人課程之外的好朋友,快樂的木生活有了更多的傳遞。

十多年間,沒有任何設計、木作背景的兩個人,從興趣出發,一路做做玩玩,沒想到卻因此結交了越來越多氣味相投的好伙伴。一直不願木工坊成為維生主業的他們,也有著共同的信念:「商業獲利、經營模式什麼的,就留在大門之外。希望這小小的手作屋,是屬於好朋友分享的,也是充滿木生活創意的樂趣小花園。」

IDEA 10 創意發想

1 多功能收納櫃　不同大小的拉抽，是收納的好幫手，搭配上展示層架，還能擺放自己的獨家收藏。**2 餐巾紙架**　抽屜裡可放置備用的餐巾紙或廚房內常用的小物。**3 床頭邊櫃**　刷上Chi最愛的白色，室內空間也變得更加柔和了。**4 裝飾鏡**　彷彿四格款LOMO相機的效果，令人會心一笑。**5 復古擺飾**　從路邊撿回來的窗框，在兩人的巧手下，又擁有了新樣貌。**6 雜貨展示架**　利用多餘的木材就能做出的小玩意，無論線軸、雜貨怎麼放都可愛。**7 信箱**　小巧的信箱不放在門外，改放在客廳，成了家人相互關心的甜蜜窗口。**8 鞋櫃**　在白色調的木作上，掛上一把仿舊的鑰匙，一掃鞋櫃髒髒亂亂的刻板印象。**9 燙馬**　刷上淡藍漆色的木燙馬，隨手一擺竟成了充滿雜貨風的裝飾品。**10 雜物收納櫃**　在拉門處裝上霧面玻璃，所以隨手將常使用的小物亂放，應該也沒關係吧！

1

2

3

4

5

6

7

8

9

10

HOW TO MAKE

單門高櫃

使用工具：修邊機、沙拉刀、木工夾、
手鋸、鑿刀、膠槌

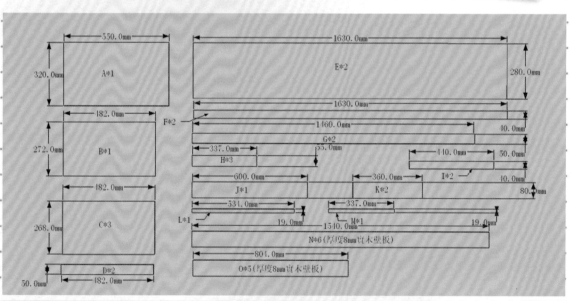

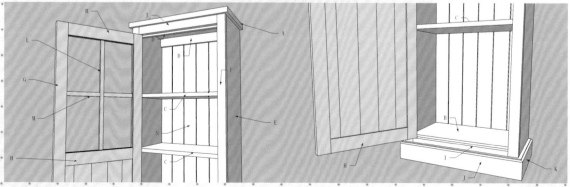

1 兩塊E板依照圖示尺寸畫線。

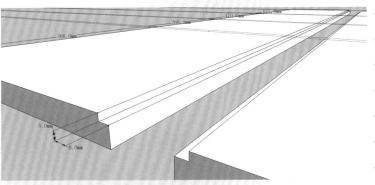

2 E板的凹槽如圖示。

3 修邊機裝上直刀，將深度調整為5mm，平行導板調整為8mm，修鑿兩塊E板的凹槽。

4 在步驟3製作好凹槽的E板反面畫出釘接線，每條釘接線各需三個鑽孔位置。

5 以沙拉刀鑽孔，深度為5mm。

6 以木工夾將兩塊E板夾住上半部的兩塊C板，C板對齊E板凹槽的位置，先以一根木螺絲固定。

7 再以木螺絲鎖入中間的位置。

8 確認前方對齊後以木螺絲鎖入固定。

9 繼續接合下半部一塊C板與一塊B板。

10 接合上半部前方的D板。

11 上半部後方的D板對齊E板的凹槽後進行接合。

12 以木工夾將F板固定於E板上，以沙拉刀鑽孔後，鎖入木螺絲接合。

13 從D板的背面接合I板。

14 下半部的I板與B板保留5mm的距離，以木螺絲接合固定。

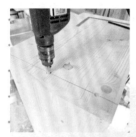

15 自A板上方鎖入木螺絲分別接合E板與D板。

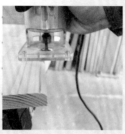

16 修邊機裝上培林R刀，分別修鑿出J與K板的裝飾線板。

17 以實際櫃體的寬度畫出J板兩側切割45度角的記號。

18 以角度切割器輔助45度角的裁切。

19 將J板鎖入接合F板。

20 K板的兩側則只需切割一邊為45度角，即可鎖入E板接合。

21 將N板鋪上背面，畫出釘接線後以小鐵釘釘接。

22 自G板鑽洞，以木螺絲接合H板。

23 以美工刀分別在L木條中間位置劃出M木條的寬度，M木條畫出L木條的寬度。

24 以手鋸分別在L與M木條鋸下深度為1cm的線數條。

25 利用鑿力即可將鋸過的部分鑿平並形成凹槽。

26 以膠槌將兩根木條敲入完成十字搭接。

27 以強力釘書機即可將十字格固定在門框內。

28 在十字框四周釘上木條。

29 以鐵釘將壁板固定於門框下方即完成。

SECRET 獨門秘訣

修斜邊治具

1 做出所需的斜度。

2 放入要修斜邊的木片。

3 以鉛筆畫出線條。

4 使用修邊機，進行修邊，即可做出同樣的角度。

5 不管要幾個相同斜邊的木片都沒問題！

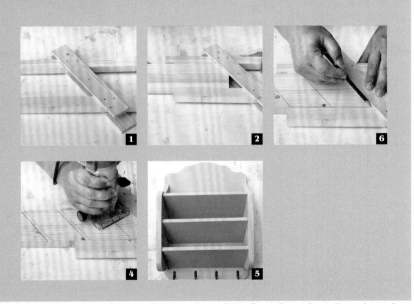

小鹿木工房

wood school

跟著**小鹿木工房**玩木工
特色：特製課程，紮實木工基礎
地址：台中市大肚區中蔗路2-55號
電話：04-2691-2995
E-mail：yuan_0080@hotmail.com
網站：http://blog.yam.com/deerwood

撰文／李若潔　攝影／陳家偉

職人檔案簿

- 姓名：鄭承源
- 木工年資：25年（1986年起）
- 經歷：網路客製化鄉村雜貨家具訂做
  實體鄉村雜貨店舖與木工教室參觀諮詢
  完整基礎木工課程設計教授
  著有《愛木工手感家具簡單做》

動手做出 雜貨鄉村風家具

　　在業界說起小鹿木工，無論是木工作品、工法技巧，或是店內豐富多樣的鄉村雜貨，幾乎都是大家想要追隨和仿效的典範；但對老闆鄭大哥來說，卻只是認真地落實一件由衷喜歡的事物，並專心地投入其中；正是這份堅持，卻讓鄭大哥與木作結下了不結之緣。鄭大哥在木工領域裡的鑽研和收穫，絕對是木工界的最佳勵志故事。

摸索木作到職人風格

　　鄭大哥從年輕的時就發現自己對於木作有一股無法言喻的熱情，經過了幾年的生活歷練，在偶然的機緣下，接觸到日系風的木工家具雜貨DIY書籍，便驚訝地發現原來就算不懂日文，只要看著書籍裡清晰的圖片編排，就能讓初學者按圖索驥地完成作品，於是就一頭栽進木工世界裡，至今仍然持續熱愛著且有過之而無不及。

多年來秉持對鄉村雜貨的熱愛，專研各式手作木工家具擺飾的製作技巧，每一件出品的木家具都是驕傲的精心傑作，融合了各式風格開創獨家特色，靠著口碑佳評打響名號，除了可以憑著自己對於鄉村雜貨家具的多年製作經驗，提供兼顧實用又不失美觀優雅的設計諮詢，包括各式的衣櫃、書櫃和斗櫃，展示層架和廚房系列，不但件件都有專業級的品質，還有根據客製化需求所量身打造的巧思，除此之外鄭老闆更努力將木雜貨融入日常生活裡，開發了寵物家具和兒童雜貨系列，滿足更多木工作品能發揮的無窮樂趣，不管你期待完成的木作是什麼，來到小鹿木工，一定就能得到最貼近你心目中的理想傢俬。

為了將木工製作的無窮樂趣分享給更多不得其門而入的人，於是開設熱門的木工課教學班，毫不藏私地傳授各種木工製作要領，來此還能欣賞選購許多齊聚店裡的各國鄉村風雜貨，感受小店的熱鬧氣息！另有各式各樣DIY傢飾配件材料、環保漆塗料、修繕保養工具，應有盡有，最適合木工DIY初級入門者來此淘寶，即將增加各類雜貨配件批發服務，附帶達人諮詢服務，希望能幫助更多人更快實踐擁有屬於自己的雜貨屋的夢想。

1 兒童書桌椅 可以配合家中小朋友的身高，設計適用的桌椅高度。

3 大型書桌&扶手椅 可以根據使用需求設計書桌功能，扶手椅的高低層次上還有可有置物的功能。

5 壁式掛勾 可以隨心所欲掛上任何小物。

7 相框 木質相框適合各類風格的照片圖畫。

9 可愛拼圖 小朋友也能輕鬆操作的木工拼圖，相當具有趣味感。

2 一抽一門拼木櫃 拼貼色彩的斗櫃，能讓角落的活潑度大增。

4 鄉村風托盤 實用性十足，還具有裝飾的功能。

6 18宮格置物櫃 刻意刷上深原木色澤，可襯托出擺入的飾品。

8 愛心鏤空置物盒 基本款的入門作品，初學者可以習得基礎的裁切和挖空等木工技巧。

10 高腳信箱 對開式的信箱門，同架高的信箱體，增加使用的便利度。

1

2

3

4

O15/0417/61
HW
GOLDEN MANDHELING
PROD. OF INDONESIA
KEELUNG
NETT 10 KGS
EXPIRY DATE:2005.12.31

5

6

VOLKSWAGEN 1200

7

8

9

10

HOW TO MAKE

層板書櫃

使用工具：木工夾、沙拉刀、銅珠刀、
　　　　　修邊機、線鋸機、木工膠、電鑽

材料：
A板：270×990×20mm（2片）
B板：250×770×20mm（1片）
C板：60×770×20mm（1片）
D板：50×770×20mm（1片）
E板：20×240×20mm（2支）
F板：20×198×20mm（2支）
G板：240×769×20mm（2片）
H板：70×810×20mm（1片）
後背板：91×924×8mm（約9片）
後補強條：20×770×11mm（2支）

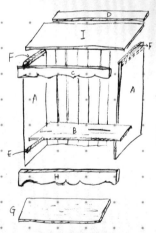
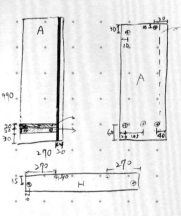
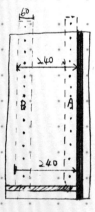
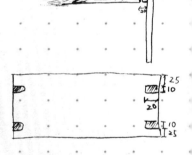

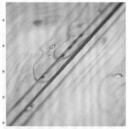

1 先將A木板（2片）和D木板以直徑8mm的直刀，洗出深度4mm的溝槽。

2 距離A木板底線上方3cm處，畫出要擺上補強條的位置。

3 E木條(補強條)塗上木工膠後，黏至步驟2標示的位置上，再以木工夾夾緊固定。

4 接著以沙拉刀鑽洞。

5 以3cm的螺絲鎖入洞口，注意不要鑽過頭。

6 把釘板緊靠A木板的補強條，並且切齊溝槽。

POINT 釘板製作方法

取一片厚度6~12mm、寬度6cm、長度不拘的夾板。

用長尺自中心點處分別向兩端，做好數個等距（約5cm）的記號。

在上個步驟做好的記號處，分別釘上釘子即可。

7 控制好力道將釘板輕輕釘上，只要可以看到釘點記號即可。

8 在打出釘點處，分別以銅珠刀鑽洞。注意在此使用的銅珠刀有兩條刻畫線，鑽洞時只要鑽到第一條線與第三條線中間即可。

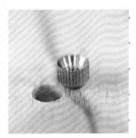

9 在鑽好的洞孔中，分別敲入銅珠（也可等上好漆後再敲入）。

10 A木板上畫出準備組裝的位置標示點，並先把洞鑽好。

11 C和H木板切割完成後，分別用修邊機修R邊。

POINT

使用線鋸機時，木工夾的長柄須朝下，才不會在切割時擋到行進方向。

12 在E補強條上塗上木工膠。

13 黏合B和E木板，並以木工夾夾緊。

14 夾緊後，以5cm的螺絲鎖定。

15 再以同步驟13的方式，進行另一塊A木板的組裝動作。

16 先用大型木工夾固定好已經預先塗好木工膠的C木板，再鎖上5cm的螺絲固定。

17 翻180度到另一面，以同樣方式鎖上D木板。

18 櫃體完成時，測量對角線是否對稱等長，如果不對稱，要從較長的那一邊以木工夾加壓至兩邊對稱為止。

19 再翻180度回到正面，在底部鎖上H木板。

20 F木板固定在A木板上方，以備之後用來鎖上I木板。

21 I木板修好R邊。

22 將I木板放在工作桌上，再把先完成的櫃體塗上木工膠後，整個倒扣覆其上。

23 以3cm的螺絲將F木板鎖於I木板。

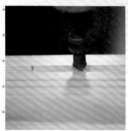

24 再從D木板的溝槽鎖入I木板中，注意不要讓螺絲穿透木板，螺絲長度為2.5cm。

25 以木工夾固定隔板，塗上木工膠。

POINT

←若將凹的一邊朝外是錯誤的作法。

背板所使用的企口板有凹凸兩邊，順序將凹的一邊放入溝槽，凸的一邊朝外，凹凸銜接處並不要塗上木工膠，才是正確的方式。

POINT

正確量法是從企口板凸處開始算起16mm，再加凹槽內深4mm，共20mm。

26 先測量好最後一片企口板所需的尺寸，再裁掉多餘的部份。

27 在背板底部欲固定處，以沙拉刀鑽洞，應注意鑽洞不可過深。

28 鎖上螺絲固定。

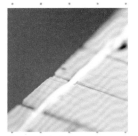

29 塗上木工膠,再以ㄇ型釘槍固定收邊條,注意釘子選用的長度。

30 中間部分因受力不足,容易產生空洞感,所以必須在後背板中央處,以長13mm的釘子,釘上一根木條以增加其穩固度。

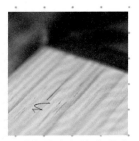

31 先從木板邊緣量出3cm的線。

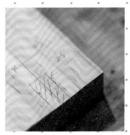

32 再以3cm線為中心點,左右各畫出5mm,為直刀的位置。

33 直刀10mm、深度4mm調整好直刀及其導板的位置後,進行洗溝,溝長度2cm即可。

34 溝長度2cm即可。

35 完成。

SECRET 獨門秘訣

90度角組裝治具 一組立台

1 進行組裝,使用C型或F型木板夾時,常常受限於木板太長而無法使用,而這款組立台完全不受限於木板的長度與寬度,是組裝時不可缺少的好幫手。

2 兩片木板要銜接組裝時,先用F夾把欲使用的木板與組立台固定一面。

3 再固定另一面。使兩片木板呈現直角,如此一來,即可輕鬆固定螺絲或釘子而不移位,簡單又好操作。

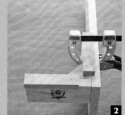

憑本書優惠券，至以下木作教室，
即可享有讀者專屬超值優待!

□1.P.20 木子到森
🌿 兩人同時報名課程，第2位享半價優待。

□2.P.26 麥子木工房
🌿 滿三人報名課程享8折優待。

□3.P.32 老樹根魔法木工坊
🌿 兩人同時報名課程，均享88折優待。

□4.P.38 金豐手製工藝研究苑
🌿 A.報名課程即享學費8折優待。
🌿 B.兩人同時報名課程，第2位享學費半價優待。
🌿 ※上述兩項優惠方案2擇1使用。

□5.P44 黑以妮手作幸福
🌿 報名家具木作課程即免費送珠寶信籤盒課
程。

□6.P.50 德豐木業-無名樹
🌿 A.報名生活小物體驗課程享8折優待。
🌿 B.親臨教室選購零碼木材半價優惠。

□7.P.58 小亨利木工教室
🌿 報名課程即贈送500元課程抵用券。

□8.P.64 安德森玩木家
🌿 報名課程即享學費9折優待。

□9.P.70 幸福優木
🌿 報名課程即享8折優待。

□10.P.78 遊細工園
🌿 報名課程即享8折優待。

□11.P.84 KK手造工房
🌿 報名課程即贈送手工具劃線規壹支。

□12.P.94 發明造物教室
🌿 報名參加體驗課程，即贈送壓克力顏料壹
組。

□ 13.P.100 樂創木工房

- A.兩人以上同時報名，享學費 9折優待
- B.2人共同完成一件作品，第2位學費半價優待。
- C.報名鄉村木工課程另加贈免收場地費使用課程壹堂。

□ 14.P.106 亞外原色工房

- 報名家具木作課程即免費贈送生活雜貨用品課程。

□ 15.P.112 木匠兄妹

- 1.木匠兄妹熱銷商品「彈珠台」入門價NT$675，並加贈鋸木體驗—加拿大檜木鑰匙圈DIY。
- 2.木匠兄妹銷售No2 「天使椅」 入門價$380，並加贈鋸木體驗—加拿大檜木鑰匙圈DIY。
- ※上述優惠，一張券限兌換兩份，恕無法更換其它商品，不得與其它優惠併用，使用前需事前預約（04）2559-0689。

□ 16.P.120 車埕林班道

- 持本優惠券預約報名下列任一課程，二人以上同行，即可享9折優惠價！
- A課程：木馬（現場價：$880）
- B課程：弧面板凳（現場價：$790）
- C課程：積木組合櫃（現場價：$690）

□ 17.P.126 維多利亞木工DIY教學鄉村家具俱樂部

- A.報名鄉村課程即免費贈送木地板及鄉村風壁板課程。
- B.報名細木工課程即免費贈送木工車床體驗課程。

□ 18.P.132 青松輕鬆木工教室

- 兩人同時報名課程，第2位半價優惠（不含材料費）。

□ 19.P.138 手作屋

- 報名課程即享8折優待。

□ 20.P146 小鹿木工

- 加入小鹿木工學員即可享有DIY周邊產品8~9折優待（部分例外）。

消費須知：

1. 此優惠券每書限用壹次，每次使用後由各木工教室於優惠券上標記確認。
2. 優惠活動至101年3月31日截止。
3. 麥浩斯出版社保留活動修改權力，請依愛生活手記官方部落格公布為主 mylifestyle.pixnet.net/blog

🪑 **HAPPY DIY**

木工迷の超手感入門木作課

作　　者	DIY玩佈置編輯部
總 編 輯	張淑貞
主　　編	許貝羚
責任編輯	方嘉鈴
採訪編輯	王盈力‧王韻鈴‧張淳盈‧魏麗萍
特約編輯	張容慈‧李若潔
美術設計	林佩樺
攝　　影	王正毅‧陳家偉‧六本木視覺創意產房‧Adward Tsai
行銷企劃	黃昱禎‧李宜齡

發 行 人	何飛鵬
社　　長	許彩雪
出　　版	城邦文化事業股份有限公司　麥浩斯出版
E-mail	cs@myhomelife.com.tw
地　　址	104台北市民生東路二段141號8樓
電　　話	02-2500-7578
發　　行	英屬蓋曼群島商家庭傳媒股份有限公司城邦分公司
地　　址	104台北市民生東路二段141號2樓
讀者服務專線	0800-020-299（9:30AM~12:00PM；01:30PM~05:00PM）
讀者服務傳真	02-2517-0999
讀者服務信箱	E-mail：csc@cite.com.tw
劃撥帳號	1983-3516
劃撥戶名	英屬蓋曼群島商家庭傳媒股份有限公司城邦分公司
香港發行	城邦〈香港〉出版集團有限公司
地　　址	香港灣仔駱克道193號東超商業中心1樓
電　　話	852-2508-6231
傳　　真	852-2578-9337
馬新發行	城邦〈馬新〉出版集團Cite(M) Sdn. Bhd.(458372U)
地　　址	11, Jalan, 30D/146, Desa Tasik, Sungai Besi, 57000 Kuala Lumpur, Malaysia.
電　　話	603-90563833
傳　　真	603-90562833

Call Center展銷事業部	電話:2500-0098		
Executive assistant manager	電話行銷部經理	徐世倫Alen Hsh	分機1921
Executive assistant supervisor	行銷主任	陳玉婷 Sharon Chen	分機1925
Executive assistant supervisor	行銷主任	謝文芳 Fanny Hsieh	分機1923
Executive team leader	行銷副組長	劉惠嵐 Landy Liu	分機1927
Executive team leader	行銷副組長	梁美香 Meimei Liang	分機1926
Executive	行銷專員	楊傳苓 Ada Yang	分機1924
Executive	行銷專員	莊宜敏 Yoko Zhuang	分機1944
Executive	行銷專員	李佳蓉 Serena Lee	分機1920
Executive	行銷專員	吳嘉玲 Carol Wu	分機1948

製版印刷	凱林彩印股份有限公司
總 經 銷	高見文化行銷股份有限公司
電　　話	02-26689005
傳　　真	02-26686220
版　　次	初版一刷 2011年11月
定　　價	新台幣360元 / 港幣120元

Printed in Taiwan
著作權所有 翻印必究（缺頁或破損請寄回更換）

國家圖書館出版品預行編目（CIP）資料

木工迷的超手感入門木作課
/ DIY玩佈置編輯部著. -- 初版. -- 臺北市：麥浩斯出版：家庭傳媒城邦
分公司發行, 2011.11
160面；19×26公分

ISBN 978-986-6086-53-3（平裝）

1.木工 2.家具製造 3.手工藝

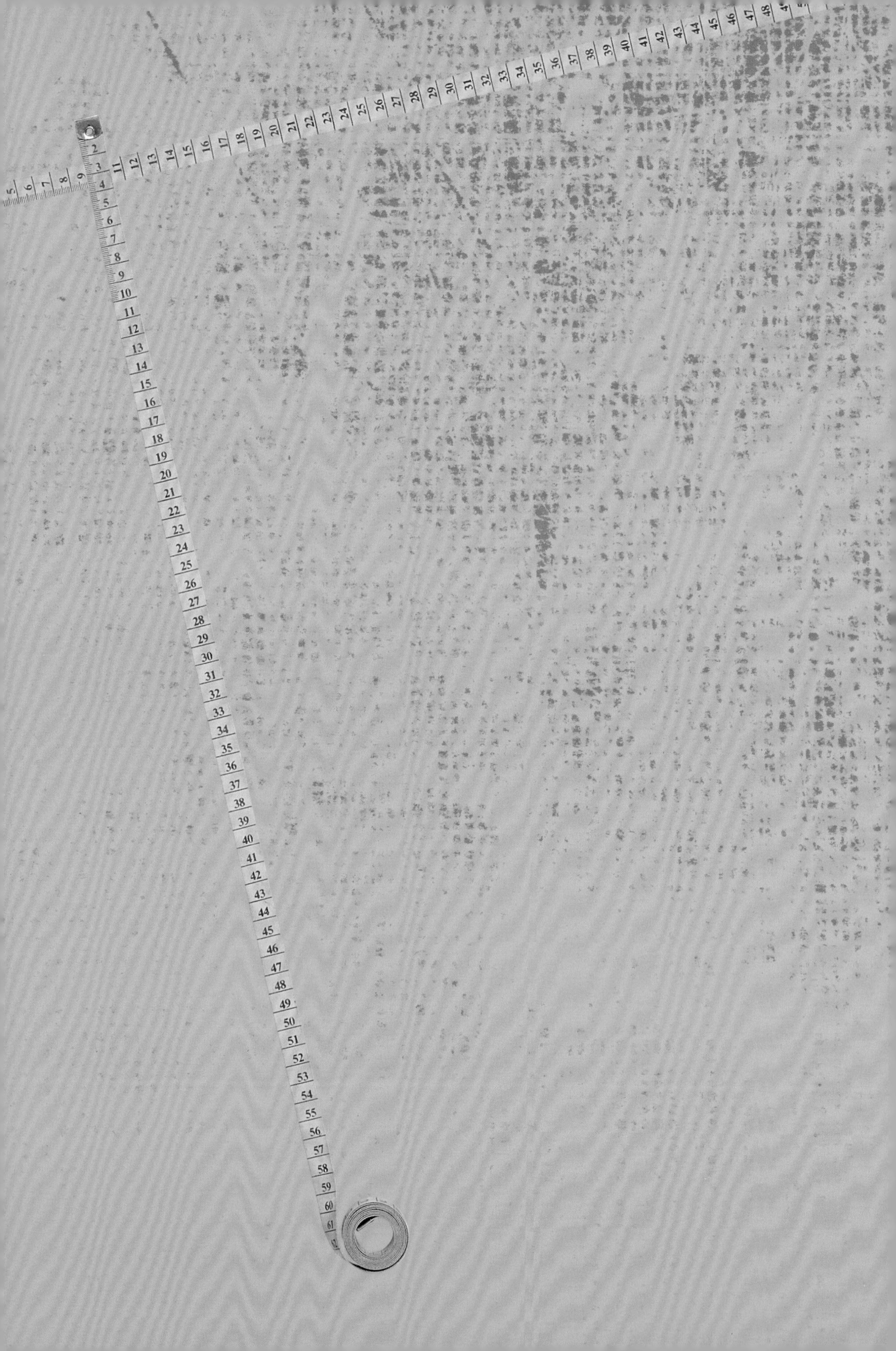